L'ÉTERNITÉ

PAR LES ASTRES

HYPOTHÈSE ASTRONOMIQUE

PARIS. — IMPRIMERIE DE E. MARTINET, RUE MIGNON, 2.

L'ÉTERNITÉ

PAR LES ASTRES

HYPOTHÈSE ASTRONOMIQUE

PAR

A. BLANQUI

PARIS

LIBRAIRIE GERMER BAILLIÈRE

RUE DE L'ÉCOLE-DE-MÉDECINE

1872

L'ÉTERNITÉ
PAR LES ASTRES

HYPOTHÈSE ASTRONOMIQUE

I

L'UNIVERS. — L'INFINI.

L'univers est infini dans le temps et dans l'espace, éternel, sans bornes et indivisible. Tous les corps, animés et inanimés, solides, liquides et gazeux, sont reliés l'un à l'autre par les choses même qui les séparent. Tout se tient. Supprimât-on les astres, il resterait l'espace, absolument vide sans doute, mais ayant les trois dimensions, longueur, largeur et profondeur, espace indivisible et illimité.

Pascal a dit avec sa magnificence de langage : « L'univers est un cercle, dont le centre est partout et la circonférence nulle part. » Quelle image plus saisissante de l'infini? Disons d'après lui, et en précisant encore : L'univers est une sphère dont le centre est partout et la surface nulle part.

Le voici devant nous, s'offrant à l'observation et au raisonnement. Des astres sans nombre brillent dans ses profondeurs. Supposons-nous à l'un de ces « centres de sphère », qui sont partout, et dont la surface n'est nulle part, et admettons un instant l'existence de cette surface, qui se trouve dès lors la limite du monde.

Cette limite sera-t-elle solide, liquide ou gazeuse? Quelle que soit sa nature, elle devient aussitôt la prolongation de ce qu'elle borne ou prétend borner. Prenons qu'il n'existe sur ce point ni solide, ni liquide, ni gaz, pas même l'éther. Rien que l'espace, vide et noir. Cet espace n'en possède pas moins les trois dimensions, et il aura nécessairement pour limite, ce qui veut dire pour continuation, une nouvelle portion d'espace de même nature, et puis après, une autre, puis une autre encore, et ainsi de suite, *indéfiniment*.

L'infini ne peut se présenter à nous que sous l'aspect de l'*indéfini*. L'un conduit à l'autre par l'impossibilité manifeste de trouver ou même de concevoir une limitation à l'espace. Certes, l'univers infini est incompréhensible, mais l'univers limité est absurde. Cette certitude absolue de l'infinité du monde, jointe à son incompréhensibilité, constitue une des plus crispantes agaceries qui tourmentent l'esprit humain. Il existe, sans doute, quelque part, dans les globes errants, des cerveaux assez vigoureux pour comprendre l'énigme impénétrable au nôtre. Il faut que notre jalousie en fasse son deuil.

Cette énigme se pose la même pour l'infini dans le temps que pour l'infini dans l'espace. L'éternité du monde saisit l'intelligence plus vivement encore que son immensité. Si l'on ne peut consentir de bornes à l'univers, comment supporter la pensée de sa non-existence? La matière n'est pas sortie du néant. Elle n'y rentrera point. Elle est éternelle, impérissable. Bien qu'en voie perpétuelle de transformation, elle ne peut ni diminuer, ni s'accroître d'un atome.

Infinie dans le temps, pourquoi ne le serait-elle pas dans l'étendue? Les deux infinis sont inséparables. L'un implique l'autre à peine de contradiction et d'absurdité. La science n'a pas constaté encore une loi de solidarité entre l'espace et les globes qui le sillonnent. La chaleur, le mouvement, la lumière, l'électricité, sont une nécessité pour toute l'étendue. Les hommes compétents pensent qu'aucune de ses parties ne saurait demeurer veuve de ces grands foyers lumineux, par qui vivent les mondes. Notre opuscule repose en entier sur cette opinion, qui peuple de l'infinité des globes l'infinité de l'espace, et ne laisse nulle part un coin de ténèbres, de solitude et d'immobilité.

II

L'INDÉFINI.

On ne peut emprunter une idée, même bien faible, de l'infini qu'à l'indéfini, et cependant cette idée si faible revêt déjà des apparences formidables. Soixante-deux chiffrés, occupant une longueur de 15 centimètres environ, donnent 20 octo-décillions de lieues, ou en termes plus habituels, des milliards de milliards de milliards de milliards de milliards de fois le chemin du soleil à la terre.

Qu'on imagine encore une ligne de chiffres, allant d'ici au soleil, c'est-à-dire longue, non plus de 15 centimètres, mais de 37 millions de lieues. L'étendue qu'embrasse cette énumération n'est-elle pas effrayante? Prenez maintenant cette étendue même pour unité dans un nouveau nombre que voici : La ligne de chiffres qui le composent part de la terre et aboutit à cette étoile là-bas, dont la lumière met plus de mille ans pour arriver jusqu'à nous, en faisant 75 000 lieues par seconde. Quelle distance sortirait d'un pareil calcul, si la langue trouvait des mots et du temps pour l'énoncer !

On peut ainsi prolonger l'*indéfini* à discrétion, sans dépasser les bornes de l'intelligence, mais aussi sans même entamer l'infini. Chaque parole fût-elle l'indication des plus effroyables éloignements, on parlerait des milliards de milliards de siècles, à un mot par seconde, pour n'exprimer en somme qu'une insignifiance dès qu'il s'agit de l'infini.

III

DISTANCES PRODIGIEUSES DES ÉTOILES.

L'univers semble se dérouler immense à nos regards. Il ne nous montre pourtant qu'un bien petit coin. Le soleil est une des étoiles de la voie lactée, ce grand rassemblement stellaire qui envahit la moitié du ciel, et dont les constellations ne sont que des membres détachés, épars sur la voûte de la nuit. Au delà, quelques points imperceptibles, piqués au firmament, signalent les astres demi-éteints par la distance, et là-bas, dans les profondeurs qui déjà se dérobent, le télescope entrevoit des nébuleuses, petits amas de poussière blanchâtre, voies lactées des derniers plans.

L'éloignement de ces corps est prodigieux. Il échappe à tous les calculs des astronomes, qui ont essayé en vain de trouver une parallaxe à quelques-uns des plus brillants : Sirius, Altaïr, Wéga (de la Lyre). Leurs résultats n'ont point obtenu créance et demeurent très-problématiques. Ce sont des à peu près, ou plutôt un minimum, qui rejette les étoiles les plus proches au delà de 7000 milliards de lieues. La mieux observée, la 61e du Cygne, a donné 23 000 milliards de lieues, 658 700 fois la distance de la terre au soleil.

La lumière, marchant à raison de 75 000 lieues par seconde, ne franchit cet espace qu'en dix ans et trois mois. Le voyage en chemin de fer, à dix lieues par heure, sans une minute d'arrêt ni de ralentissement, durerait 250 millions d'années. De ce même train, on irait au soleil en 400 ans.

La terre, qui fait 233 millions de lieues chaque année, n'arriverait à la 61e du Cygne qu'en plus de cent mille ans.

Les étoiles sont des soleils semblables au nôtre. On dit Sirius cent cinquante fois plus gros. La chose est possible, mais peu vérifiable. Sans contredit, ces foyers lumineux doivent offrir de fortes inégalités de volume. Seulement, la comparaison est hors de portée, et les différences de grandeur et d'éclat ne peuvent guère être pour nous que des questions d'éloignement, ou plutôt des questions de doute. Car, sans données suffisantes, toute appréciation est une témérité.

IV

CONSTITUTION PHYSIQUE DES ASTRES.

La nature est merveilleuse dans l'art d'adapter les organismes aux milieux, sans s'écarter jamais d'un plan général qui domine toutes ses œuvres. C'est avec de simples modifications qu'elle multiplie ses types jusqu'à l'impossible. On a supposé, bien à tort, dans les corps célestes, des situations et des êtres également fantastiques, sans aucune analogie avec les hôtes de notre planète. Qu'il existe des myriades de formes et de mécanismes, nul doute. Mais le plan et les matériaux restent invariables. On peut affirmer sans hésitation qu'aux extrémités les plus opposées de l'univers, les centres nerveux sont la base, et l'électricité l'agent-principe de toute existence animale. Les autres appareils se subordonnent à celui-là, suivant mille modes dociles aux milieux. Il en est certainement ainsi dans notre groupe planétaire, qui doit présenter d'innombrables séries d'organisations diverses. Il n'est même pas besoin de quitter la terre pour voir cette diversité presque sans limites.

Nous avons toujours considéré notre globe comme la planète-reine, vanité bien souvent humiliée. Nous sommes presque des intrus dans le groupe que notre gloriole prétend agenouiller autour de sa suprématie. C'est la densité qui décide de la constitution physique d'un astre. Or, notre densité n'est point celle du système solaire. Elle n'y forme qu'une infime exception qui nous met à peu près en dehors de la véritable famille, composée du soleil et des grosses planètes. Dans l'ensemble du cortége, Mercure, Vénus, la Terre, Mars, comptent, comme volume, pour 2 sur 2417, et en y joignant le Soleil, pour 2 sur 1 281 684. Autant compter pour zéro!

Devant un tel contraste, il y a quelques années seulement, le champ était ouvert à la fantaisie sur la structure des corps célestes. La seule chose qui ne parût point douteuse, c'est qu'ils ne devaient en rien ressembler au nôtre. On se trompait. L'analyse spectrale est venue dissiper cette erreur, et démontrer, malgré tant d'apparences contraires, l'identité de composition de l'univers. Les formes sont innombrables, les éléments sont les mêmes. Nous touchons ici à la question capitale, celle qui domine de bien haut et annihile presque toutes les autres; il faut donc l'aborder en détail et procéder du connu à l'inconnu,

Sur notre globe jusqu'à nouvel ordre, la nature a pour éléments uniques à sa disposition les 64 *corps simples*, dont les noms viennent ci-après. Nous disons « jusqu'à nouvel ordre », parce que le nombre de ces corps n'était que 53 il y a peu d'années. De temps à autre, leur nomenclature s'enrichit de la découverte de quelque métal, dégagé à grand'peine, par la chimie, des liens tenaces de ses combinaisons avec l'oxygène. Les 64 arriveront à la centaine, c'est probable. Mais les acteurs sérieux ne vont guère au delà de 25. Le reste ne figure qu'à titre de comparses. On les dénomme *corps simples*, parce qu'on les a trouvés jusqu'à présent irréductibles. Nous les rangeons à peu près dans l'ordre de leur importance :

1. Hydrogène.
2. Oxygène.
3. Azote.
4. Carbone.
5. Phosphore.
6. Soufre.

7. Calcium.
8. Silicium.
9. Potassium.
10. Sodium.
11. Aluminium.
12. Chlore.
13. Iode.
14. Fer.
15. Magnésium.
16. Cuivre.
17. Argent.
18. Plomb.
19. Mercure.
20. Antimoine.
21. Baryum.
22. Chrome.
23. Brome.
24. Bismuth.
25. Zinc.
26. Arsenic.
27. Platine.
28. Étain.
29. Or.
30. Nickel.
31. Glucinium.
32. Fluor.
33. Manganèse.
34. Zirconium.
35. Cobalt.
36. Iridium.
37. Bore.
38. Strontium.
39. Molybdène.
40. Palladium.
41. Titane.
42. Cadmium.
43. Sélénium.
44. Osmium.
45. Rubidium.
46. Lantane.
47. Tellure.
48. Tungstène.
49. Uranium.
50. Tantale.
51. Lithium.
52. Niobium.
53. Rhodium.
54. Didyme.
55. Indium.
56. Terbium.
57. Thallium.
58. Thorium.
59. Vanadium.
60. Ytrium.
61. Cæsium.
62. Ruthénium.
63. Erbium.
64. Cérium.

Les quatre premiers, hydrogène, oxygène, azote, carbone, sont les grands agents de la nature. On ne sait auquel d'entre eux donner la préséance, tant leur action est universelle. L'hydrogène tient la tête, car il est la lumière de tous les soleils. Ces quatre gaz constituent presqu'à eux seuls la matière organique, flore et faune, en y joignant le calcium, le phosphore, le soufre, le sodium, le potassium, etc.

L'hydrogène et l'oxygène forment l'eau, avec adjonction de chlore, de sodium, d'iode pour les mers. Le silicium, le calcium, l'aluminium, le magnésium, combinés avec l'oxygène, le carbone, etc., composent les grandes masses des terrains géologiques, les couches superposées de l'écorce terrestre. Les métaux précieux ont plus d'importance chez les hommes que dans la nature.

Naguère encore, ces éléments étaient tenus pour spécialités de notre globe. Que de polémiques, par exemple, sur le soleil, sa composition, l'origine et la nature de la lumière ! La grande querelle de l'*émission* et des *ondulations* est à peine terminée. Les dernières escarmouches d'arrière-garde retentissent encore. Les *ondulations* victorieuses avaient échafaudé sur leur succès une théorie assez fantastique que voici : « Le soleil, simple corps opaque comme la première planète venue, est enveloppé de deux atmosphères, l'une, semblable à la nôtre, servant de parasol aux indigènes contre la seconde, dite photosphère, source éternelle et inépuisable de lumière et de chaleur. »

Cette doctrine, universellement acceptée, a longtemps régné dans la science, en dépit de toutes les analogies. Le feu central qui gronde sous nos pieds atteste suffisamment que la terre a été autrefois ce qu'est aujourd'hui le soleil, et la terre n'a jamais endossé de phostophère électrique, gratifiée du don de pérennité.

L'analyse spectrale a dissipé ces erreurs. Il ne s'agit plus d'électricité inusable et perpétuelle, mais tout prosaïquement d'hydrogène brûlant, là comme ailleurs, avec le concours de l'oxygène. Les protubérances roses sont des jets prodigieux de ce gaz enflammé, qui débordent le disque de la lune, pendant les éclipses totales de soleil. Quant aux taches solaires, on avait eu raison de les représenter comme de vastes entonnoirs ouverts dans des masses gazeuses. C'est la flamme de l'hydrogène, balayée par les tempêtes sur d'immenses surfaces, et qui laisse apercevoir, non pas comme une opacité noire, mais comme une obscurité relative, le noyau de l'astre, soit à l'état liquide, soit à l'état gazeux fortement comprimé.

Donc, plus de chimères. Voici deux éléments terrestres

qui éclairent l'univers, comme ils éclairent les rues de Paris et de Londres. C'est leur combinaison qui répand la lumière et la chaleur. C'est le produit de cette combinaison, l'eau, qui crée et entretient la vie organique. Point d'eau, point d'atmosphère, point de flore ni de faune. Rien que le cadavre de la lune.

Océan de flammes dans les étoiles pour vivifier, océan d'eau sur les planètes pour organiser, l'association de l'hydrogène et de l'oxygène est le gouvernement de la matière, et le sodium est leur compagnon inséparable dans leurs deux formes opposées, le feu et l'eau. Au spectre solaire, il brille en première ligne ; il est l'élément principal du sel des mers.

Ces mers, aujourd'hui si paisibles, malgré leurs rides légères, ont connu de tout autres tempêtes, quand elles tourbillonnaient en flammes dévorantes sur les laves de notre globe. C'est cependant bien la même masse d'hydrogène et d'oxygène ; mais quelle métamorphose ! L'évolution est accomplie. Elle s'accomplira également sur le soleil. Déjà ses taches révèlent, dans la combustion de l'hydrogène, des lacunes passagères, que le temps ne cessera d'agrandir et de tourner à la permanence. Ce temps se comptera par siècles, sans doute, mais la pente descend.

Le soleil est une étoile sur son déclin. Un jour viendra où le produit de la combinaison de l'hydrogène avec l'oxygène, cessant de se décomposer à nouveau pour reconstituer à part les deux éléments, restera ce qu'il doit être, de l'eau. Ce jour verra finir le règne des flammes, et commencer celui des vapeurs aqueuses, dont le dernier mot est la mer. Ces vapeurs, enveloppant de leurs masses épaisses l'astre déchu, notre monde planétaire tombera dans la nuit éternelle.

Avant ce terme fatal, l'humanité aura le temps d'apprendre

bien des choses. Elle sait déjà, de par la spectrométrie, que la moitié des 64 *corps simples*, composant notre planète, fait également partie du soleil, des étoiles et de leurs cortéges. Elle sait que l'univers entier reçoit la lumière, la chaleur et la vie organique, de l'hydrogène et de l'oxygène as-associés, flammes ou eau.

Tous les *corps simples* ne se montrent pas dans le spectre solaire, et réciproquement les spectres du soleil et des étoiles accusent l'existence d'éléments à nous inconnus. Mais cette science est neuve encore et inexpérimentée. Elle dit à peine son premier mot et il est décisif. Les éléments des corps célestes sont partout identiques. L'avenir ne fera que dérouler chaque jour les preuves de cette identité. Les écarts de densité, qui semblaient de prime abord un obstacle insurmontable à toute similitude entre les planètes de notre système, perdent beaucoup de leur signification isolante, quand on voit le soleil, dont la densité est le quart de la nôtre, renfermer des métaux tels que le fer (densité, 7,80), le nickel (8,67), le cuivre (8,95), le zinc (7,19)), le cobalt (7,81), le cadmium (8,69), le chrome (5,90).

Que les *corps simples* existent sur les divers globes en proportions inégales, d'où résultent des divergences de densité, rien de plus naturel. Évidemment, les matériaux d'une nébuleuse doivent se classer sur les planètes selon les lois de la pesanteur, mais ce classement n'empêche pas les *corps simples* de coexister dans l'ensemble de la nébuleuse, sauf à se répartir ensuite selon un certain ordre, en vertu de ces lois. C'est précisément le cas de notre système, et, selon toute apparence, celui des autres groupes stellaires. Nous verrons plus loin quelles conditions ressortent de ce fait.

V

OBSERVATIONS SUR LA COSMOGONIE DE LAPLACE. — LES COMÈTES.

Laplace a puisé son hypothèse dans Herschell qui l'avait tirée de son télescope. Tout entier aux mathématiques, l'illustre géomètre s'occupe beaucoup du mouvement des astres et fort peu de leur nature. Il ne touche à la question physique qu'avec nonchalance, par de simples affirmations, et se hâte de retourner aux calculs de la gravitation, son objectif permanent. Il est visible que sa théorie est aux prises avec deux difficultés capitales : l'origine ainsi que la haute température des nébuleuses, et les comètes. Ajournons pour un instant les nébuleuses et voyons les comètes. Ne pouvant à aucun titre les loger dans son système, l'auteur, pour s'en défaire, les envoie promener d'étoile en étoile. Suivons-les, afin de nous en débarrasser nous-mêmes.

Tout le monde aujourd'hui en est arrivé à un profond mépris des comètes, ces misérables jouets des planètes supérieures qui les bousculent, les tiraillent en cent façons, les gonflent aux feux solaires, et finissent par les jeter dehors en lambeaux. Déchéance complète ! Quel humble respect jadis, quand on saluait en elles des messagères de mort ! Que de huées et de sifflets depuis qu'on les sait inoffensives ! On reconnaît bien là les hommes.

Toutefois, l'impertinence n'est pas sans une légère nuance d'inquiétude. Les oracles ne se privent pas de contradictions. Ainsi Arago, après avoir proclamé vingt fois la nullité absolue des comètes, après avoir assuré que le vide le plus parfait d'une machine pneumatique est encore beaucoup plus dense que la substance cométaire, n'en déclare pas moins, dans un chapitre de ses œuvres, que « la transformation de » la terre en satellite de comète est un événement qui ne » sort pas du cercle des probabilités ».

Laplace, savant si grave, si sérieux, professe également le pour et le contre sur cette question. Il dit quelque part : « La rencontre d'une comète ne peut produire sur la terre » aucun effet sensible. Il est très-probable que les comètes » *l'ont plusieurs fois enveloppée sans avoir été aperçues...* » Et ailleurs : « Il est facile de se représenter les effets de ce » choc (d'une comète) sur la terre : l'axe et le mouvement de » rotation changés ; les mers abandonnant leurs anciennes » positions pour se précipiter vers le nouvel équateur ; une » grande partie des hommes et des animaux noyés dans ce » déluge universel, ou détruits par la violente secousse imprimée au globe, des espèces entières anéanties..., » etc.

Des *oui* et *non* si catégoriques sont singuliers sous la plume de mathématiciens. L'attraction, ce dogme fondamental de l'astronomie, est parfois tout aussi maltraitée. Nous l'allons voir en disant un mot de la lumière zodiacale.

Ce phénomène a déjà reçu bien des explications différentes. On l'a d'abord attribué à l'atmosphère du soleil, opinion combattue par Laplace. Suivant lui, « l'atmosphère » solaire n'arrive pas à mi-chemin de l'orbe de Mercure. » Les lueurs zodiacales proviennent des molécules trop volatiles pour s'être unies aux planètes, à l'époque de la » grande formation primitive, et qui circulent aujourd'hui » autour de l'astre central. Leur extrême ténuité n'oppose » point de résistance à la marche des corps célestes, et nous » donne cette clarté perméable aux étoiles. »

Une telle hypothèse est peu vraisemblable. Des molécules planétaires, volatilisées par une haute température, ne conservent pas éternellement leur chaleur, ni par conséquent la forme gazeuse, dans les déserts glacés de l'étendue. De plus, quoi qu'en dise Laplace, cette matière, si ténue qu'on la suppose, serait un obstacle sérieux aux mouvements des corps célestes, et amènerait avec le temps de graves désordres.

La même objection réfute une idée récente, qui fait honneur de la lumière zodiacale aux débris des comètes naufragées dans les tempêtes du périhélie. Ces restes formeraient un vaste océan qui englobe et dépasse même les orbites de Mercure, Vénus et la Terre. C'est pousser un peu loin le dédain des comètes que de confondre leur nullité avec celle de l'éther, voire même du vide. Non, les planètes ne feraient pas bonne route au travers de ces nébulosités, et la gravitation ne tarderait pas à s'en mal trouver.

Il semble encore moins rationnel de chercher l'origine des lueurs mystérieuses de la région zodiacale dans un anneau de météorites circulant autour du soleil. Les météorites, de leur nature, ne sont pas très-perméables à la clarté des étoiles.

En remontant un peu haut, peut-être trouverait-on le chemin de la vérité. Arago a dit je ne sais où : « La matière » cométaire a pu assez fréquemment entrer dans notre atmo» sphère. Cet événement est sans danger. Nous pouvons, » sans nous en apercevoir, traverser la queue d'une co» mète... » Laplace n'est pas moins explicite : « Il est très» probable, dit-il, que les comètes ont plusieurs fois enve» loppé la terre sans être aperçues... »

Tout le monde sera de cet avis. Mais on peut demander aux deux astronomes ce que sont devenues ces comètes.

Ont-elles continué leur voyage? Leur est-il possible de s'arracher aux étreintes de la terre et de passer outre? L'attraction est donc confisquée? Quoi! Cette vague effluve cométaire, qui fatigue la langue à définir son néant, braverait la force qui maîtrise l'univers!

On conçoit que deux globes massifs, lancés à fond de train, se croisent par la tangente et continuent de fuir, après une double secousse. Mais que des inanités errantes viennent se coller contre notre atmosphère, puis s'en détachent paisiblement pour suivre leur route, c'est d'un sans-gêne peu acceptable. Pourquoi ces vapeurs diffuses ne demeurent-elles pas clouées à notre planète par la pesanteur?

« Justement! Parce qu'elles ne pèsent pas, dira-t-on. » Leur inconsistance même les dérobe. Point de masse, point » d'attraction. » Mauvais raisonnement. Si elles se séparent de nous pour rallier leur corps d'armée, c'est que le corps d'armée les attire et nous les enlève. A quel titre? La terre leur est bien supérieure en puissance. Les comètes, on le sait, ne dérangent personne, et tout le monde les dérange, parce qu'elles sont les humbles esclaves de l'attraction. Comment cesseraient-elles de lui obéir, précisément quand notre globe les saisit au corps et ne devrait plus lâcher prise? Le soleil est trop loin pour les disputer à qui les tient de si près, et dût-il entraîner la tête de ces cohues, l'arrière-garde, rompue et disloquée, resterait au pouvoir de la terre.

Cependant on parle, comme d'une chose toute simple, de comètes qui entourent, puis abandonnent notre globe. Personne n'a fait à cet égard la moindre observation. La marche rapide de ces astres suffit-elle pour les soustraire à l'action terrestre, et poursuivent-ils leur course par l'impulsion acquise?

Une pareille atteinte à la gravitation est impossible, et nous devons être sur la voie des lueurs zodiacales. Les détachements cométaires, faits prisonniers dans ces rencontres sidérales, et refoulés vers l'équateur par la rotation, vont former ces renflements lenticulaires qui s'illuminent aux rayons du soleil, avant l'aurore, et surtout après le crépuscule du soir. La chaleur du jour les a dilatés et rend leur luminosité plus sensible qu'elle ne l'est le matin, après le refroidissement de la nuit.

Ces masses diaphanes, d'apparence toute cométaire, perméables aux plus petites étoiles, occupent une étendue immense, depuis l'équateur, leur centre et leur point culminant comme altitude et comme éclat, jusque bien au delà des tropiques, et probablement jusqu'aux deux pôles, où elles s'abaissent, se contractent et s'éteignent.

On avait toujours logé jusqu'ici la lumière zodiacale hors de la terre, et il était difficile de lui assigner une place ainsi qu'une nature conciliables à la fois avec sa permanence et ses variations. Mais c'est la terre elle-même qui en porte la cause, enroulée autour de son atmosphère, sans que le poids de la colonne atmosphérique en reçoive un atome d'augmentation. Cette pauvre substance ne pouvait donner une preuve plus décisive de son inanité.

Les comètes, dans leurs visites, renouvellent peut-être plus souvent qu'on ne le pense les contingents prisonniers. Ces contingents, du reste, ne sauraient dépasser une certaine hauteur sans être écumés par la force centrifuge, qui emporte son butin dans l'espace. L'atmosphère terrestre se trouve ainsi doublée d'une enveloppe cométaire, à peu près impondérable, siége et source de la lumière zodiacale. Cette version s'accorde bien avec la diaphanéité des comètes, et de plus, elle tient compte des lois de la pesanteur qui n'autorisent pas l'évasion des détachements capturés par les planètes.

Reprenons l'histoire de ces nihilités chevelues. Si elles évitent Saturne, c'est pour tomber sous la coupe de Jupiter, le policier du système. En faction dans l'ombre, il les flaire, avant même qu'un rayon solaire les rende visibles, et les rabat éperdues vers les gorges périlleuses. Là, saisies par la chaleur et dilatées jusqu'à la monstruosité, elles perdent leur forme, s'allongent, se désagrégent et franchissent à la débandade la passe terrible, abandonnant partout des traînards, et ne parvenant qu'à grand'peine, sous la protection du froid, à regagner leurs solitudes inconnues.

Celles-là seules échappent, qui n'ont pas donné dans les traquenards de la zone planétaire. Ainsi, évitant de funestes défilés, et laissant au loin, dans les plaines zodiacales, les grosses araignées se promener au bord de leurs toiles, la comète de 1811 fond des hauteurs polaires sur l'écliptique, déborde et tourne rapidement le soleil, puis rallie et reforme ses immenses colonnes dispersées par le feu de l'ennemi. Alors seulement, après le succès de la manœuvre, elle déploie aux regards stupéfaits les splendeurs de son armée, et continue majestueusement sa retraite victorieuse dans les profondeurs de l'espace.

Ces triomphes sont rares. Les pauvres comètes viennent, par milliers, se brûler à la chandelle. Comme les papillons, elles accourent légères, du fond de la nuit, précipiter leur volte autour de la flamme qui les attire, et ne se dérobent point sans joncher de leurs épaves les champs de l'écliptique. S'il faut en croire quelques chroniqueurs des cieux, depuis le soleil jusque par delà l'orbe terrestre, s'étend un vaste cimetière de comètes, aux lueurs mystérieuses, apparaissant les soirs et matins des jours purs. On reconnaît les mortes à ces clartés-fantômes, qui se laissent traverser par la lumière vivante des étoiles.

Ne seraient-ce pas plutôt les captives suppliantes, enchaînées depuis des siècles aux barrières de notre atmosphère, et demandant en vain ou la liberté ou l'hospitalité? De son premier et de son dernier rayon, le soleil intertropical nous montre ces pâles Bohémiennes, qui expient si dûrement leur visite indiscrète à des gens établis.

Les comètes sont véritablement des êtres fantastiques. Depuis l'installation du système solaire, c'est par millions qu'elles ont passé au périhélie. Notre monde particulier en regorge, et cependant, plus de la moitié échappent à la vue, et même au télescope. Combien de ces nomades ont élu domicile chez nous?... Trois..., et encore peut-on dire qu'elles vivent sous la tente. Un de ces jours, elles lèveront le pied et s'en iront rejoindre leurs innombrables tribus dans les espaces imaginaires. Il importe peu, en vérité, que ce soit par des ellipses, des paraboles ou des hyperboles.

Après tout, ce sont des créatures inoffensives et gracieuses, qui tiennent souvent la première place dans les plus belles nuits d'étoiles. Si elles viennent se prendre comme des folles dans la souricière, l'astronomie y est prise avec elles et s'en tire encore plus mal. Ce sont de vrais cauchemars scientifiques. Quel contraste avec les corps célestes! Les deux extrêmes de l'antagonisme, des masses écrasantes et des impondérabilités, l'excès du gigantesque et l'excès du rien.

Et cependant, à propos de ce rien, Laplace parle de condensation, de vaporisation, comme s'il s'agissait du premier gaz venu. Il assure que, par les chaleurs du périhélie, les comètes, à la longue, se dissipent entièrement dans l'espace. Que deviennent-elles après cette volatilisation? L'auteur ne le dit pas, et probablement ne s'en inquiète guère. Dès qu'il ne s'agit plus de géométrie, il procède sommairement, sans beaucoup de scrupules. Or, si éthérée que puisse et doive être la sublimation des astres chevelus, elle demeure pourtant matière. Quelle sera sa destinée? Sans doute, de reprendre plus tard, par le froid, sa forme primitive. Soit. C'est de l'essence de comète qui reproduit des diaphanéités ambulatoires. Mais ces diaphanéités, suivant Laplace et d'autres auteurs, sont identiques avec les nébuleuses fixes.

Oh! par exemple, halte-là! il faut arrêter les mots au passage pour vérifier leur contenu. *Nébuleuse* est suspect. C'est un nom trop bien mérité; car il a trois sens différents. On désigne ainsi : 1° une lueur blanchâtre, qui est décomposée par de forts télescopes en innombrables petites étoiles très-serrées; 2° une clarté pâle, d'aspect semblable, piquetée de un ou plusieurs petits points brillants, et qui ne se laisse pas résoudre en étoiles; 3° les comètes.

La confrontation minutieuse de ces trois individualités est indispensable. Pour la première, les amas de petites étoiles, point de difficulté. On est d'accord. La contestation porte tout entière sur les deux autres. Suivant Laplace, des nébulosités, répandues à profusion dans l'univers, forment, par un premier degré de condensation, soit des comètes, soit des nébuleuses à points brillants, irréductibles en étoiles, et qui se transforment en systèmes solaires. Il explique et décrit en détail cette transformation.

Quant aux comètes, il se borne à les représenter comme de petites nébuleuses errantes qu'il ne définit pas, et ne cherche nullement à différencier des nébuleuses en voie d'enfantement stellaire. Il insiste, au contraire, sur leur ressemblance intime, qui ne permet de distinguer entre elles que par le déplacement des comètes devenu visible aux rayons du soleil. En un mot, il prend dans le télescope d'Herschell des nébuleuses irréductibles et en fait indifféremment des systèmes planétaires ou des comètes. Ce n'est qu'une question d'orbites et de fixité ou d'irrégularité dans la gravitation. Du reste, même origine : « les nébulosités éparses dans l'univers », partant même constitution.

Comment un si grand physicien a-t-il pu assimiler des lueurs d'emprunt, glaciales et vides, aux immenses gerbes de vapeurs ardentes qui seront un jour des soleils? Passe, si les comètes étaient de l'hydrogène. On pourrait supposer que de grandes masses de ce gaz, restées en dehors des nébuleuses-étoiles, errent en liberté à travers l'étendue, où elles jouent la petite pièce de lagravitation. Encore serait-ce du gaz froid et obscur, tandis que les berceaux stello-planétaires sont des incandescences, si bien que l'assimilation entre ces deux sortes de nébuleuses resterait encore impossible. Mais ce pis-aller même fait défaut. Comparé aux comètes, l'hydrogène est du granite. Entre la matière nébuleuse des systèmes stellaires et celle des comètes, il ne peut rien y avoir de commun. L'une est force, lumière, poids et chaleur; l'autre, nullité, glace, vide et ténèbres.

Laplace parle d'une similitude si parfaite entre les deux genres de nébuleuses qu'on a beaucoup de peine à les distinguer. Quoi ! Les nébuleuses volatilisées sont à des distances incommensurables, les comètes sont presque à portée de la main, et d'une vaine ressemblance entre deux corps séparés par de tels abîmes, on conclut à l'identité de composition ! mais la comète est un infiniment petit, et la nébubuleuse est presque un univers. Une comparaison quelconque entre de telles données est une aberration.

Répétons encore que, si pendant l'état volatil des nébuleuses, une partie de l'hydrogène se dérobait en même temps à l'attraction et à la combustion, pour s'échapper libre dans l'espace et devenir comète, ces astres rentreraient ainsi dans la constitution générale de l'univers, et pourraient d'ailleurs jouer un rôle redoutable. Impuissants, comme masse, dans une rencontre planétaire, mais embrasés au choc de l'air et au contact de son oxygène, ils feraient périr par le feu tous les corps organisés, plantes et animaux. Seulement, de l'avis unanime, l'hydrogène est à la substance cométaire ce que serait un bloc de marbre pour l'hydrogène lui-même.

Qu'on suppose maintenant des lambeaux de nébulosités stellaires, errant de système en système, à l'instar des comètes. Ces amas volatils, au maximum de température, passeraient autour de nous, non pas brouillard subtil, terne et transi, mais trombe effroyable de lumière et de chaleur, qui aurait bientôt coupé court à nos polémiques sur leur compte. L'incertitude s'éternise au sujet des comètes. Discussions et conjectures ne terminent rien. Quelques points toutefois semblent éclaircis. Ainsi, l'unité de la substance cométaire ne fait pas doute. C'est un corps simple, qui n'a jamais présenté de variante dans ses apparitions, déjà si nombreuses. On retrouve constamment cette même ténuité élastique et dilatable jusqu'au vide, cette translucidité absolue qui ne gêne en rien le passage des moindres lueurs.

Les comètes ne sont ni de l'éther, ni du gaz, ni un liquide, ni un solide, ni rien de semblable à ce qui constitue les corps célestes, mais une substance indéfinissable, ne paraissant avoir aucune des propriétés de la matière connue, et n'existant pas en dehors du rayon solaire qui les tire une minute du néant, pour les y laisser retomber. Entre cette énigme sidérale et les systèmes stellaires qui sont l'univers, radicale séparation. Ce sont deux modes d'existence isolés, deux catégories de la matière totalement distinctes, et sans autre lien qu'une gravitation désordonnée, presque folle. Dans la description du monde, il n'y a nul compte à en tenir. Elles ne sont rien, ne font rien, n'ont qu'un rôle, celui d'énigme.

Avec ses dilatations à outrance du périhélie, et ses contractions glacées de l'aphélie, cet astre follet représente certain géant des mille et une nuits, mis en bouteille par Salomon, et l'occasion offerte, s'épandant peu à peu hors de sa prison en immense nuage, pour prendre figure humaine, puis revaporisé et reprenant le chemin du goulot, pour disparaître au fond de son bocal. Une comète, c'est une once de brouillard, remplissant d'abord un milliard de lieues cubes, puis une carafe.

C'est fini de ces joujoux, ils laissent le débat ouvert sur cette question : « Les nébuleuses sont-elles toutes des amas » d'étoiles adultes, ou bien faut-il voir dans quelques-unes » d'entre elles des fœtus d'étoiles, soit simples, soit mul- » tiples ? » Cette question n'a que deux juges, le télescope et l'analyse spectrale. Demandons-leur une stricte impartialité, qui se garde surtout contre l'influence occulte des grands noms. Il semble, en effet, que la spectrométrie incline un peu à trouver des résultats conformes à la théorie de Laplace.

La complaisance pour les erreurs possibles de l'illustre mathématicien est d'autant moins utile que sa théorie puise dans la connaissance actuelle du système solaire une force capable de tenir tête même au télescope et à l'analyse spectrale, ce qui n'est pas peu dire. Elle est la seule explication rationnelle et raisonnable de la mécanique planétaire, et ne succomberait certainement que sous des arguments irrésistibles.....

VI

ORIGINE DES MONDES.

Cette théorie a un côté faible pourtant...... le même toujours, la question d'origine, esquivée cette fois par une réticence. Malheureusement, omettre n'est pas résoudre. Laplace a tourné avec adresse la difficulté, la léguant à d'autres. Quant à lui, il en avait dégagé son hypothèse, qui a pu faire son chemin débarrassée de cette pierre d'achoppement.

La gravitation n'explique qu'à moitié l'univers. Les corps célestes, dans leurs mouvements, obéissent à deux forces, la force centripète ou pesanteur, qui les fait tomber ou les attire l'un vers l'autre, et la force centrifuge qui les pousse en avant par la ligne droite. De la combinaison de ces deux forces résulte la circulation plus ou moins elliptique de tous les astres. Par la suppression de la force centrifuge, la terre tomberait dans le soleil. Par la suppression de la force centripète, elle s'échapperait de son orbite en suivant la tangente, et fuirait droit devant elle.

La source de la force centripète est connue, c'est l'attraction ou gravitation. L'origine de la force centrifuge reste un mystère. Laplace a laissé de côté cet écueil. Dans sa théorie, le mouvement de translation, autrement dit, la force centrifuge, a pour origine la rotation de la nébuleuse. Cette hypothèse est sans aucun doute la vérité, car il est impossible de rendre un compte plus satisfaisant des phénomènes que présente notre groupe planétaire. Seulement, il est permis de demander à l'illustre géomètre : « D'où venait la » rotation de la nébuleuse ? D'où venait la chaleur qui avait » volatilisé cette masse gigantesque, condensée plus tard en » soleil entouré de planètes ? »

La chaleur ! on dirait qu'il n'y a qu'à se baisser et en prendre dans l'espace. Oui, de la chaleur à 270 degrés au-dessous de zéro. Laplace veut-il parler de celle-là, quand il dit qu'*en vertu d'une chaleur excessive, l'atmosphère du soleil s'étendait primitivement au delà des orbes de toutes les planètes?* Il constate, d'après Herschell, l'existence, en grand nombre, de nébulosités, d'abord diffuses au point d'être à peine visibles, et qui arrivent, par une suite de condensations, à l'état d'étoiles. Or, ces étoiles sont des globes gigantesques en pleine incandescence comme le soleil, ce qui accuse une chaleur déjà fort respectable. Quelle ne devait pas être leur température, lorsque entièrement réduites en vapeurs, ces masses énormes s'étaient dilatées jusqu'à un tel degré de volatilisation qu'elles n'offraient plus à l'œil qu'une nébulosité à peine perceptible !

Ce sont précisément ces nébulosités que Laplace représente comme répandues à profusion dans l'univers, et donnant naissance aux comètes ainsi qu'aux systèmes stellaires. Assertion inadmissible, comme nous l'avons démontré à propos de la substance cométaire, qui ne peut rien avoir de commun avec celle des nébuleuses-étoiles. Si ces substances étaient semblables, les comètes se seraient, partout et toujours, mêlées aux matières stellaires, pour en partager l'existence, et ne feraient pas constamment bande à part, étrangères à tous les autres astres, et par leur inconsistance, et par leurs habitudes vagabondes, et par l'unité absolue de substance qui les caractérise.

Laplace a parfaitement raison de dire : « Ainsi, on des-

» cend, par les progrès de la condensation de la matière » nébuleuse à la considération du soleil environné autrefois » d'une vaste atmosphère, considération à laquelle on re» monte, comme nous l'avons vu, par l'examen des phé» nomènes du système solaire. Une rencontre aussi remar» quable donne à l'existence de cet état antérieur du soleil » une probabilité fort approchante de la certitude. »

En revanche, rien de plus faux que l'assimilation des comètes, inanités impondérables et glacées, aux nébuleuses stellaires qui représentent les parties massives de la nature, portées par la volatilisation au *maximum* de température et de lumière. Assurément, les comètes sont une énigme désespérante, car, demeurant inexplicables quand tout le reste s'explique, elles deviennent un obstacle presque insurmontable à la connaissance de l'univers. Mais on ne triomphe pas d'un obstacle par une absurdité. Mieux vaut faire la part du feu en accordant à ces impalpabilités une existence spéciale en dehors de la matière proprement dite, qui peut bien agir sur elles par la gravitation, mais sans s'y mêler ni subir leur influence. Bien que fugaces, instables, toujours sans lendemain, on les connait pour une substance simple, une, invariable, inaccessible à toute modification, pouvant se séparer, se réunir, former des masses ou se déchirer en lambeaux, jamais changer. Donc, elles n'interviennent pas dans le perpétuel devenir de la nature. Consolons-nous de ce logogriphe par la nullité de son rôle.

La question des origines est beaucoup plus sérieuse. Laplace en a fait bon marché, ou plutôt il n'en tient nul compte, et ne daigne ou n'ose même pas en parler. Herschell, au moyen de son télescope, a constaté dans l'espace de nombreux amas de matière nébuleuse, à différents degrés de diffusion, amas qui, par refroidissements progressifs, aboutissent en étoiles. L'illustre géomètre raconte et explique fort bien les transformations. Mais de l'origine de ces nébulosités, pas un mot. On se demande naturellement : « Ces nébuleuses, qu'un froid relatif amène à l'état de soleils et de planètes, d'où viennent-elles ? »

D'après certaines théories, il existerait dans l'étendue une matière chaotique, laquelle, grâce au concours de la chaleur et de l'attraction, s'agglomérerait pour former les nébuleuses planétaires. Pourquoi et depuis quand cette matière chaotique ? D'où sort cette chaleur extraordinaire qui vient aider à la besogne ? Autant de questions qu'on ne se pose pas, ce qui dispense d'y répondre.

Pas n'est besoin de dire que la matière chaotique, constituant les étoiles modernes, a aussi constitué les anciennes, d'où il suit que l'univers ne remonte pas au delà des plus vieilles étoiles sur pied. On accorde volontiers des durées immenses à ces astres ; mais de leur commencement, point d'autres nouvelles que l'agglomération de la matière chaotique, et sur leur fin, silence. La plaisanterie commune à ces théories, c'est l'établissement d'une fabrique de chaleur à discrétion dans les espaces imaginaires, pour fournir à la volatilisation indéfinie de toutes les nébuleuses et de toutes les matières chaotiques possibles.

Laplace, si scrupuleux géomètre, est un physicien peu rigoriste. Il vaporise sans façon, *en vertu d'une chaleur excessive*. Étant donnée une fois la nébuleuse qui se condense, on le suit avec admiration dans son tableau de la naissance successive des planètes et de leurs satellites par les progrès du refroidissement. Mais cette matière nébuleuse sans origine, attirée de partout, on ne sait ni comment ni pourquoi, est aussi un singulier réfrigérant de l'enthousiasme. Il n'est vraiment pas convenable d'asseoir son lecteur sur une hypothèse posée dans le vide, et de le planter là.

La chaleur, la lumière, ne s'accumulent point dans l'espace, elles s'y dissipent. Elles ont une source qui s'épuise. Tous les corps célestes se refroidissent par le rayonnement. Les étoiles, incandescences formidables à leur début, aboutissent à une congélation noire. Nos mers étaient jadis un océan de flammes. Elles ne sont plus que de l'eau. Le soleil éteint, elles seront un bloc de glace. Les cosmogonies qui prétendent le monde d'hier peuvent croire que les astres en sont encore à brûler leur première huile. Après? Ces millions d'étoiles, illumination de nos nuits, n'ont qu'une existence limitée. Elles ont commencé dans l'incendie, elles finiront dans le froid et les ténèbres.

Suffit-il de dire : « Cela durera toujours plus que nous? » Prenons ce qui est. *Carpe diem.* Qu'importe ce qui a » précédé! Qu'importe ce qui suivra? avant et après nous » le déluge! » Non, l'énigme de l'univers est en permanence devant chaque pensée. L'esprit humain veut la déchiffrer à tout prix. Laplace était sur la voie, en écrivant ces mots : « Vue du soleil, la lune paraît décrire une suite » d'épicycloïdes, dont les centres sont sur la circonférence » de l'orbe terrestre. Pareillement, la terre décrit une » suite d'épicycloïdes, dont les centres sont sur la courbe » que le soleil décrit autour du centre de gravité du groupe » d'étoiles dont il fait partie. Enfin, le soleil lui-même » décrit une suite d'épicycloïdes dont les centres sont sur la » courbe décrite par le centre de gravité de ce groupe » autour de celui de l'univers. »

« *De l'univers!* » c'est beaucoup dire. Ce prétendu centre de l'univers, avec l'immense cortége qui gravite autour de lui, n'est qu'un point imperceptible dans l'étendue. Laplace était cependant bien sur le chemin de la vérité, et touchait presque la clef de l'énigme. Seulement, ce mot : « *De l'univers* » prouve qu'il la touchait sans la voir, ou du moins sans la regarder. C'était un ultra-mathématicien. Il avait, jusqu'à la moelle des os, la conviction d'une harmonie et d'une solidité inaltérable de la mécanique céleste. Solide, très-solide, soit. Il faut cependant distinguer entre l'univers et une horloge.

Quand une horloge se dérange, on la règle. Quand elle se détériore, on la raccommode. Quand elle est usée, on la remplace. Mais les corps célestes, qui les répare ou les renouvelle? Ces globes de flammes, si splendides représentants de la matière, jouissent-ils du privilége de la pérennité? Non, la matière n'est éternelle que dans ses éléments et son ensemble. Toutes ses formes, humbles ou sublimes, sont transitoires et périssables. Les astres naissent, brillent, s'éteignent, et survivant des milliers de siècles peut-être à leur splendeur évanouie, ne livrent plus aux lois de la gravitation que des tombes flottantes. Combien de milliards de ces cadavres glacés rampent ainsi dans la nuit de l'espace, en attendant l'heure de la destruction, qui sera, du même coup, celle de la résurrection !

Car les trépassés de la matière rentrent tous dans la vie, quelle que soit leur condition. Si la nuit du tombeau est longue pour les astres finis, le moment vient où leur flamme se rallume comme la foudre. A la surface des planètes, sous les rayons solaires, la forme qui meurt se désagrége vite, pour restituer ses éléments à une forme nouvelle. Les métamorphoses se succèdent sans interruption. Mais quand un soleil s'éteint glacé, qui lui rendra la chaleur et la lumière? Il ne peut renaître que soleil. Il donne la vie en détail à des myriades d'êtres divers. Il ne peut la transmettre à ses fils que par mariage. Quelles peuvent être les noces et les enfantements de ces géants de la lumière?

Lorsqu'après des millions de siècles, un de ces immenses tourbillons d'étoiles, nées, gravitant, mortes ensemble, achève de parcourir les régions de l'espace ouvertes devant lui, il se heurte sur ses frontières avec d'autres tourbillons éteints, arrivant à sa rencontre. Une mêlée furieuse s'engage durant d'innombrables années, sur un champ de bataille de milliards de milliards de lieues d'étendue. Cette partie de l'univers n'est plus qu'une vaste atmosphère de flammes, sillonnées sans relâche par la foudre des conflagrations qui volatilisent instantanément étoiles et planètes.

Ce pandémonium ne suspend pas un instant son obéissance aux lois de la nature. Les chocs successifs réduisent les masses solides à l'état de vapeurs, ressaisies aussitôt par la gravitation qui les groupe en nébuleuses tournant sur elles-mêmes par l'impulsion du choc, et les lance dans une circulation régulière autour de nouveaux centres. Les observateurs lointains peuvent alors, à travers leurs télescopes, apercevoir le théâtre de ces grandes révolutions, sous l'aspect d'une lueur pâle, mêlée de points plus lumineux. La lueur n'est qu'une tache, mais cette tache est un peuple de globes qui ressuscitent.

Chacun des nouveau-nés vivra d'abord son enfance solitaire, nuée embrasée et tumultueuse. Plus calme avec le temps, le jeune astre détachera peu à peu de son sein une nombreuse famille, bientôt refroidie par l'isolement, et ne vivant plus que de la chaleur paternelle. Il en sera l'unique représentant dans le monde qui ne connaîtra que lui, et n'apercevra jamais ses enfants. Voilà notre système planétaire, et nous habitons l'une des plus jeunes filles, suivie seulement d'une sœur, Vénus, et d'un tout petit frère, Mercure, le dernier éclos du nid.

Est-ce bien exactement ainsi que renaissent les mondes? Je ne sais. Peut-être les légions mortes qui se heurtent pour ressaisir la vie, sont-elles moins nombreuses, le champ de la résurrection moins vaste. Mais certainement, ce n'est qu'une question de chiffre et d'étendue, non de moyen. Que la rencontre ait lieu, soit entre deux groupes stellaires simplement, soit entre deux systèmes où chaque étoile, avec son cortége, ne joue déjà que le rôle de planète, soit encore entre deux centres où elle n'est plus qu'un modeste satellite, soit enfin entre deux foyers qui représentent un coin de l'univers, c'est ce qu'il n'est permis à personne de décider en connaissance de cause. La seule affirmation légitime, la voici :

La matière ne saurait diminuer, ni s'accroître d'un atome. Les étoiles ne sont que des flambeaux éphémères. Donc, une fois éteints, s'ils ne se rallument, la nuit et la mort, dans un temps donné, se saisissent de l'univers. Or, comment pourraient-ils se rallumer, sinon par le mouvement transformé en chaleur dans des proportions gigantesques, c'est-à-dire par un entre-choc qui les volatilise et les appelle à une nouvelle existence? Qu'on n'objecte pas que, par sa transformation en chaleur, le mouvement serait anéanti, et dès lors les globes immobilisés. Le mouvement n'est que le résultat de l'attraction, et l'attraction est impérissable, comme propriété permanente de tous les corps. Le mouvement renaît soudain du choc lui-même, dans de nouvelles directions peut-être, mais toujours effet de la même cause, la pesanteur.

Direz-vous que ces bouleversements sont une atteinte aux lois de la gravitation? Vous n'en savez rien, ni moi non plus. Notre unique ressource est de consulter l'analogie. Elle nous

répond : « Depuis des siècles, les météorites tombent par
» millions sur notre globe, et sans nul doute, sur les planètes de tous les systèmes stellaires. C'est un manquement grave à l'attraction, telle que vous l'entendez. En fait, c'est une forme de l'attraction que vous ne connaissez pas, ou plutôt que vous dédaignez, parce qu'elle s'applique aux astéroïdes, non aux astres. Après avoir gravité des milliers d'années, selon toutes les règles, un beau jour, ils ont pénétré dans l'atmosphère, en violation de la règle, et y ont transformé le mouvement en chaleur, par leur fusion ou leur volatilisation, au frottement de l'air. Ce qui arrive aux petits, peut et doit arriver aux grands. Traduisez la gravitation au tribunal de l'*Observatoire*, comme prévenue d'avoir, malicieusement et illégitimement précipité ou laissé choir sur la terre, des aérolithes qu'on lui avait confiés pour les maintenir en promenade dans le vide. »

Oui, la gravitation les a laissés, les laisse et les laissera choir, comme elle a cogné, cogne et cognera les unes contre les autres, de vieilles planètes, de vieilles étoiles, de vieilles défuntes enfin, cheminant lugubrement dans un vieux cimetière, et alors les trépassés éclatent comme un bouquet d'artifice, et des flambeaux resplendissent pour illuminer le monde. Si le moyen ne vous convient pas, trouvez-en un meilleur. Mais prenez garde. Les étoiles n'ont qu'un temps et, en y joignant leurs planètes, elles sont toute la matière. Si vous ne les ressuscitez pas, l'univers est fini. Du reste, nous poursuivrons notre démonstration sur tous les modes, majeur et mineur, sans crainte des redites. Le sujet en vaut la peine. Il n'est pas indifférent de savoir ou d'ignorer comment l'univers subsiste.

Ainsi, jusqu'à preuve contraire, les astres s'éteignent de

vieillesse, et se rallument par un choc. Tel est le mode de transformation de la matière chez les individualités sidérales. Par quel autre procédé pourraient-elles obéir à la loi commune du changement, et se dérober à l'immobilisation éternelle? Laplace dit : « il existe dans l'espace des corps obscurs, aussi considérables, et peut-être aussi nombreux que les étoiles. » Ces corps sont tout simplement les étoiles éteintes. Sont-elles condamnées à la perpétuité cadavérique? Et toutes les vivantes, sans exception, iront-elles les rejoindre pour toujours? Comment pourvoir à ces vacances?

L'origine donnée, très-vaguement du reste, par Laplace aux nébuleuses stellaires, est sans vraisemblance. Ce serait une agrégation de nébulosités, de nuages cosmiques volatilisés, agrégation formée incessamment dans l'espace. Mais comment? L'espace est partout ce que nous le voyons, froideur et ténèbres. Les systèmes stellaires sont des masses énormes de matière : D'où sortent-ils? du vide? Ces improvisations de nébulosités ne sont pas acceptables.

Quant à la matière chaotique, elle n'aurait pas dû reparaître au XIXe siècle. Il n'a jamais existé, il n'existera jamais l'ombre d'un chaos nulle part. L'organisation de l'univers est de toute éternité. Elle n'a jamais varié d'un cheveu, ni fait relâche d'une seconde. Il n'y a point de chaos, même sur ces champs de bataille où des milliards d'étoiles se heurtent et s'embrasent durant une série de siècles, pour refaire des vivants avec les morts. La loi de l'attraction préside à ces refontes foudroyantes, avec autant de rigueur qu'aux plus paisibles évolutions de la lune.

Ces cataclysmes sont rares dans tous les cantons de l'univers, car les naissances ne sauraient excéder les décès dans l'état civil de l'infini, et ses habitants jouissent d'une très-belle longévité. L'étendue, libre sur leur route, est plus que suffisante pour leur existence, et l'heure de la mort arrive longtemps avant la fin de la traversée. L'infini n'est pauvre ni de temps ni d'espace. Il en distribue à ses peuples une juste et large proportion. Nous ignorons le temps accordé, mais on peut se former quelque idée de l'espace par la distance des étoiles, nos voisines.

L'intervalle minimum qui nous en sépare est de dix mille milliards de lieues, un abîme. N'est-ce point là une voie magnifique, et assez spacieuse pour y cheminer en toute sécurité? Notre soleil a ses flancs assurés. Sa sphère d'activité doit toucher sans doute celle des attractions les plus proches. Il n'y a point de champs neutres pour la gravitation. Ici, les données nous manquent. Nous connaissons notre entourage. Il serait intéressant de déterminer ceux de ces foyers lumineux dont les sphères d'attraction sont limitrophes de la nôtre, et de les ranger autour d'elle, comme on enferme un boulet entre d'autres boulets. Notre domaine dans l'univers se trouverait ainsi cadastré. La chose est impossible, sinon elle serait déjà faite. Malheureusement on ne va pas mesurer de parallaxes à bord de Jupiter ou de Saturne.

Notre soleil marche, c'est incontestable d'après son mouvement de rotation. Il circule de conserve avec des milliers, et peut-être des millions d'étoiles qui nous enveloppent et sont de notre armée. Il voyage depuis les siècles, et nous ignorons son itinéraire passé, présent et futur. La période historique de l'humanité date déjà de six mille ans. On observait en Égypte dès ces temps reculés. Sauf un déplacement des constellations zodiacales, dû à la précession des équinoxes, aucun changement n'a été constaté dans l'aspect du ciel. En six mille ans, notre système aurait pu faire du chemin dans une direction quelconque.

Six mille ans, c'est pour un marcheur médiocre comme notre globe, le cinquième de la route jusqu'à Sirius. Pas un indice, rien. Le rapprochement vers la constellation d'Hercule reste une hypothèse. Nous sommes figés sur place, les étoiles aussi. Et cependant, nous sommes en route avec elles vers le même but. Elles sont nos contemporaines, nos compagnes de voyage, et de là vient peut-être leur apparente immobilité : nous avançons ensemble. Le chemin sera long, le temps aussi, jusqu'à l'heure des vieillesses, puis des morts, et enfin des résurrections. Mais ce temps et ce chemin devant l'infini, c'est un tout petit point, et pas un millième de seconde. Entre l'étoile et l'éphémère l'éternité ne distingue pas. Que sont ces milliards de soleils se succédant à travers les siècles et l'espace? Une pluie d'étincelles. Cette pluie féconde l'univers.

C'est pourquoi le renouvellement des mondes par le choc et la volatilisation des étoiles trépassées, s'accomplit à toute minute dans les champs de l'infini. Innombrables et rares à la fois sont ces conflagrations gigantesques, selon que l'on considère l'univers ou une seule de ses régions. Quel autre moyen pourrait y suppléer pour le maintien de la vie générale? Les nébuleuses-comètes sont des fantômes, les nébulosités stellaires, colligées on ne sait comment, sont des chimères. Il n'y a rien dans l'étendue que les astres, petits et gros, enfants, adultes ou morts, et toute leur existence est à jour. Enfants, ce sont les nébuleuses volatilisées ; adultes, ce sont les étoiles et leurs planètes ; mortes, ce sont leurs cadavres ténébreux.

La chaleur, la lumière, le mouvement, sont des forces de la matière, et non la matière elle-même. L'attraction qui précipite dans une course incessante tant de milliards de globes, n'y pourrait ajouter un atome. Mais elle est la grande force fécondatrice, la force inépuisable que nulle prodigalité n'entame, puisqu'elle est la propriété commune et permanente des corps. C'est elle qui met en branle toute la mécanique céleste, et lance les mondes dans leurs pérégrinations sans fin. Elle est assez riche pour fournir à la revivification des astres le mouvement que le choc transforme en chaleur.

Ces rencontres de cadavres sidéraux qui se heurtent jusqu'à résurrection, sembleraient volontiers un trouble de l'ordre. — Un trouble ! Mais qu'adviendrait-il si les vieux soleils morts, avec leurs chapelets de planètes défuntes, continuaient indéfiniment leur procession funèbre, allongée chaque nuit par de nouvelles funérailles? Toutes ces sources de lumière et de vie qui brillent au firmament s'éteindraient l'une après l'autre, comme les lampions d'une illumination. La nuit éternelle se ferait sur l'univers.

Les hautes températures initiales de la matière ne peuvent avoir d'autre source que le mouvement, force permanente, dont proviennent toutes les autres. Cette œuvre sublime, l'épanouissement d'un soleil, n'appartient qu'à la force-reine. Toute autre origine est impossible. Seule, la gravitation renouvelle les mondes, comme elle les dirige et les maintient, par le mouvement. C'est presque une vérité d'instinct, aussi bien que de raisonnement et d'expérience.

L'expérience, nous l'avons chaque jour sous les yeux, c'est à nous de regarder et de conclure. Qu'est-ce qu'un aérolithe qui s'enflamme et se volatilise en sillonnant l'air, si ce n'est l'image en petit de la création d'un soleil par le mouvement transformé en chaleur? N'est-ce point aussi un désordre, ce corpuscule détourné de sa course pour envahir l'atmosphère? Qu'avait-il à y faire de normal? Et parmi ces nuées d'astéroïdes, fuyant avec une vitesse planétaire sur la voie de leur orbite, pourquoi l'écart d'un seul plutôt que de tous? Où est en tout cela la bonne gouverne?

Pas un point où n'éclate incessamment le trouble de cette harmonie prétendue, qui serait le marasme et bientôt la décomposition. Les lois de la pesanteur ont, par millions, de ces corollaires inattendus, d'où jaillissent, ici une étoile filante, là une étoile-soleil. Pourquoi les mettre au ban de l'harmonie générale? Ces accidents déplaisent, et nous en sommes nés! Ils sont les antagonistes de la mort, les sources toujours ouvertes de la vie universelle. C'est par un échec permanent à son bon ordre, que la gravitation reconstruit et repeuple les globes. Le bon ordre qu'on vante les laisserait disparaître dans le néant.

L'univers est éternel, les astres sont périssables, et comme ils forment toute la matière, chacun d'eux a passé par des milliards d'existences. La gravitation, par ses chocs résurrecteurs, les divise, les mêle, les pétrit incessamment, si bien qu'il n'en est pas un seul qui ne soit un composé de la poussière de tous les autres. Chaque pouce du terrain que nous foulons a fait partie de l'univers entier. Mais ce n'est qu'un témoin muet, qui ne raconte pas ce qu'il a vu dans l'Éternité.

L'analyse spectrale, en révélant la présence de plusieurs *corps simples* dans les étoiles, n'a dit qu'une partie de la vérité. Elle dit le reste peu à peu, avec les progrès de l'expérimentation. Deux remarques importantes. Les densités de nos planètes diffèrent. Mais celle du soleil en est le résumé proportionnel très-précis, et par là il demeure le représentant fidèle de la nébuleuse primitive. Même phénomène sans doute dans toutes les étoiles. Quand les astres sont volatilisés par une rencontre sidérale, toutes les substances se confondent en une masse gazeuse qui jaillit du choc. Puis elles se classent lentement, d'après les lois de la pesanteur, par le travail d'organisation de la nébuleuse.

Dans chaque système stellaire, les densités doivent donc s'échelonner selon le même ordre, de sorte que les planètes se ressemblent, non point si elles appartiennent au même soleil, mais si leur rang correspond chez tous les groupes. En effet, elles possèdent alors des conditions identiques de chaleur, de lumière et de densité. Quant aux étoiles, leur constitution est assurément pareille, car elles reproduisent les mélanges issus, des milliards de fois, du choc et de la volatilisation. Les planètes, au contraire, représentent le triage accompli par la différence et le classement des densités.. Certes, le mélange des éléments stello-planétaires, préparé par l'infini, est autrement complet et intime que celui de drogues qui seraient soumises, cent ans, au pilon continu de trois générations de pharmaciens.

Mais j'entends des voix s'écrier : « Où prend-on le droit » de supposer dans les cieux cette tourmente perpétuelle qui » dévore les astres, sous prétexte de refonte, et qui inflige un » si étrange démenti à la régularité de la gravitation? Où » sont les preuves de ces chocs, de ces conflagrations résur- » rectionnistes? Les hommes ont toujours admiré la majesté » imposante des mouvements célestes, et l'on voudrait rem- » placer un si bel ordre par le désordre en permanence ! Qui » a jamais aperçu nulle part le moindre symptôme d'un » pareil tohu-bohu?

» Les astronomes sont unanimes à proclamer l'invaria- » bilité des phénomènes de l'attraction. De l'aveu de tous, » elle est un gage absolu de stabilité, de sécurité, et voici » surgir des théories qui prétendent l'ériger en instrument » de cataclysmes. L'expérience des siècles et le témoignage » universel repoussent avec énergie de telles hallucinations. »

» Les changements observés jusqu'ici dans les étoiles ne » sont que des irrégularités presque toutes périodiques, dès » lors exclusives de l'idée de catastrophe. L'étoile de la » constellation de Cassiopée en 1572, celle de Képler en » 1604, n'ont brillé que d'un éclat temporaire, circonstance » inconciliable avec l'hypothèse d'une volatilisation. L'uni- » vers paraît fort tranquille et suit son chemin à petit bruit. » Depuis cinq à six mille ans, l'humanité a le spectacle du » ciel. Il n'y a constaté aucun trouble sérieux. Les comètes » n'ont jamais fait que peur sans mal. Six mille ans, c'est » quelque chose ! c'est quelque chose aussi que le champ du » télescope. Ni le temps, ni l'étendue n'ont rien montré. Ces » bouleversements gigantesques sont des rêves. »

On n'a rien vu, c'est vrai, mais parce qu'on ne peut rien voir. Bien que fréquentes dans l'étendue, ces scènes-là n'ont de public nulle part. Les observations faites sur les astres lumineux ne concernent que les étoiles de notre province céleste, contemporaines et compagnes du soleil, associées par conséquent à sa destinée. On ne peut conclure du calme de nos parages à la monotone tranquillité de l'univers. Les conflagrations rénovatrices n'ont jamais de témoins. Si on les aperçoit, c'est au bout d'une lunette qui les montre sous l'aspect d'une lueur presque imperceptible. Le télescope en révèle ainsi des milliers. Lorsqu'à son tour notre province redeviendra le théâtre de ces drames, les populations auront déménagé depuis longtemps.

Les incidents de Cassiopée en 1572, de l'étoile de Képler en 1604, ne sont que des phénomènes secondaires. On est libre de les attribuer à une éruption d'hydrogène, ou à la chute d'une comète, qui sera tombée sur l'étoile comme un verre d'huile ou d'alcool dans un brasier, en y provoquant une explosion de flammes éphémères. Dans ce dernier cas, les comètes seraient un gaz combustible. Qui le sait et qu'importe? Newton croyait qu'elles alimentent le soleil. Veut-on généraliser l'hypothèse, et considérer ces perruques vagabondes comme la nourriture réglementaire des étoiles? Maigre ordinaire! bien incapable d'allumer ni de rallumer ces flambeaux du monde.

Reste donc toujours le problème de la naissance et de la mort des astres lumineux. Qui a pu les enflammer? et quand ils cessent de briller, qui les remplace? il ne peut se créer un atome de matière, et si les étoiles trépassées ne se rallument pas, l'univers s'éteint. Je défie qu'on sorte de ce dilemme: « Ou la résurrection des étoiles, ou la mort universelle... C'est la troisième fois que je le répète. Or, le monde sidéral est vivant, bien vivant, et comme chaque étoile n'a dans la vie générale que la durée d'un éclair, tous les astres ont déjà fini et recommencé des milliards de fois. J'ai dit comment. Eh bien, on trouve extraordinaire l'idée de collisions entre des globes parcourant l'espace avec la violence de la foudre. Il n'y a d'extraordinaire que cet étonnement. Car enfin, ces globes se courent dessus et n'évitent le choc que par des biais. On ne peut pas toujours biaiser. Qui se cherche se trouve.

De tout ce qui précède, on est en droit de conclure à l'unité de composition de l'univers, ce qui ne veut pas dire « à l'unité de substance ». Les 64..., disons les cent *corps simples*, qui forment notre terre, constituent également tous les globes sans distinction, moins les comètes qui demeurent un mythe indéchiffrable et indifférent, et qui d'ailleurs ne sont pas des globes. La nature a donc peu de variété dans ses matériaux. Il est vrai qu'elle sait en tirer parti, et quand on la voit, de deux *corps simples*, l'hydrogène et l'oxygène, faire tour à tour le feu, l'eau, la vapeur, la glace, on demeure quelque peu abasourdi. La chimie en sait long sur cet article, bien qu'elle soit loin de tout savoir. Malgré tant de puissance néanmoins, cent éléments sont une marge bien étroite, quand le chantier est l'infini. Venons au fait.

Tous les corps célestes, sans exception, ont une même origine, l'embrasement par entre-choc. Chaque étoile est un système solaire, issu d'une nébuleuse volatilisée dans la rencontre. Elle est le centre d'un groupe de planètes déjà formées, ou en voie de formation. Le rôle de l'étoile est simple : foyer de lumière et de chaleur qui s'allume, brille et s'éteint. Consolidées par le refroidissement, les planètes possèdent seules le privilége de la vie organique qui puise sa source dans la chaleur et la lumière du foyer, et s'éteint avec lui. La composition et le mécanisme de tous les astres sont identiques. Seuls, le volume, la forme et la densité varient. L'univers entier est installé, marche et vit sur ce plan. Rien de plus uniforme.

VII

ANALYSE ET SYNTHÈSE DE L'UNIVERS.

Ici, nous entrons de droit dans l'obscurité du langage, parce que voici s'ouvrir la question obscure. On ne pelote pas l'infini avec la parole. Il sera donc permis de se reprendre plusieurs fois à sa pensée. La nécessité est l'excuse des redites.

Le premier désagrément est de se trouver en tête-à-tête avec une arithmétique riche, très-riche en noms de nombre, richesse malheureusement assez ridicule dans ses formes. Les trillions, quatrillions, sextillions, etc., sont grotesques, et en outre, ils disent moins à la plupart des lecteurs qu'un mot vulgaire dont on a l'habitude, et qui est l'expression par excellence des grosses quantités : *Milliard*. En astronomie, il est cependant peu de chose, ce mot, et en fait d'infini il est zéro à peu près. Par malheur, c'est précisément à propos d'infini qu'il vient d'autorité sous la plume ; il ment alors au delà du possible, il ment encore lorsqu'il s'agit simplement d'*indéfini*. Dans les pages suivantes, les chiffres, seul langage disponible, manquent tous de justesse, ou sont vides de sens. Ce n'est pas leur faute ni la mienne, c'est la faute du sujet. L'arithmétique ne lui va pas.

La nature a donc sous la main cent *corps simples* pour forger toutes ses œuvres et les couler dans un moule uniforme : « le système stello-planétaire ». Rien à construire que des systèmes stellaires, et cent *corps simples* pour tous matériaux, c'est beaucoup de besogne et peu d'outils. Certes, avec un plan si monotone et des éléments si peu variés, il n'est pas facile d'enfanter des combinaisons *différentes*, qui suffisent à peupler l'infini. Le recours aux *répétitions* devient indispensable.

On prétend que la nature ne se répète jamais, et qu'il n'existe pas deux hommes, ni deux feuilles semblables. Cela est possible à la rigueur chez les hommes de notre terre, dont le chiffre total, assez restreint, est réparti entre plusieurs races. Mais il est, par milliers, des feuilles de chêne exactement pareilles, et des grains de sable, par milliards.

A coup sûr, les cent *corps simples* peuvent fournir un nombre effrayant de combinaisons stello-planétaires *différentes*. Les X et les Y se tireraient avec peine de ce calcul. En somme, ce nombre n'est pas même indéfini, il est fini. Il a une limite fixe. Une fois atteinte, défense d'aller plus loin. Cette limite devient celle de l'univers, qui, dès lors, n'est pas infini. Les corps célestes, malgré leur inénarrable multitude, n'occuperaient qu'un point dans l'espace. Est-ce admissible ? la matière est éternelle. On ne peut concevoir un seul instant où elle n'ait pas été constituée en globes réguliers, soumis aux lois de la gravitation, et ce privilége serait l'attribut de quelques ébauches perdues au milieu du vide ! Une masure dans l'infini ! C'est absurde. Nous posons en principe l'infinité de l'univers, conséquence de l'infinité de l'espace.

Or, la nature n'est pas tenue à l'impossible. L'uniformité de sa méthode, partout visible, dément l'hypothèse de créations *infinies*, exclusivement *originales*. Le chiffre en est borné de droit par le nombre très-fini des *corps simples*. Ce sont en quelque sorte des *combinaisons-types*, dont les *répétitions* sans fin remplissent l'étendue. *Différentes, différen-*

ciées, *distinctes*, *primordiales*, *originales*, *spéciales*, tous ces mots, exprimant la même idée, sont pour nous synonymes de *combinaisons-types*. La fixation de leur nombre appartiendrait à l'algèbre, si dans l'espèce le problème ne restait indéterminé, autrement dit insoluble, par défaut de données. Cette indétermination, d'ailleurs, ne saurait équivaloir, ni conclure à l'infini. Chacun des *corps simples* est sans doute une quantité infinie, puisqu'ils forment à eux seuls toute la matière. Mais ce qui ne l'est pas, infini, c'est la variété de ces éléments qui ne dépassent pas cent. Fussent-ils mille, et cela n'est pas, le nombre des *combinaisons-types* s'accroîtrait jusqu'au fabuleux, mais ne pouvant atteindre à l'infini, resterait insignifiant en sa présence. On peut donc tenir pour démontrée leur impuissance à peupler l'étendue de *types originaux*.

Reste ce point acquis : L'univers a pour unité organique le groupe *stello-planétaire*, ou simplement *stellaire*, ou *planétaire*, ou bien encore *solaire*, quatre noms également convenables et de même signification. Il est formé en entier d'une série infinie de ces systèmes, provenant tous d'une nébuleuse volatilisée, qui s'est condensée en soleil et en planètes. Ces derniers corps, successivement refroidis, circulent autour du foyer central, que l'énormité de son volume maintient en combustion. Ils doivent donc se mouvoir dans la limite d'attraction de leur soleil, et ne sauraient d'ailleurs dépasser la circonférence de la nébuleuse primitive qui les a engendrés. Leur nombre se trouve ainsi fort restreint. Il dépend de la grandeur originelle de la nébuleuse. Chez nous, on en compte neuf, Mercure, Vénus, la Terre (Mars, la planète avortée), représentée par ses bribes, Jupiter, Saturne, Uranus, Neptune. Allons jusqu'à la douzaine, par l'admission de trois inconnues. Leur écart s'accroît dans une telle progression qu'il devient difficile d'étendre plus loin les limites de notre groupe.

Les autres systèmes stellaires varient sans doute de grandeur, mais dans des proportions fort circonscrites par les lois de l'équilibre. On suppose Sirius cent cinquante fois plus gros que notre soleil. Qu'en sait-on ? il n'a jusqu'ici que des parallaxes problématiques, sans valeur. De plus, le télescope ne grossissant pas les étoiles, l'œil seul les apprécie, et ne peut estimer que des apparences dépendant de causes diverses. On ne voit donc pas à quel titre il serait permis de leur assigner des grandeurs variées et même des grandeurs quelconques. Ce sont des soleils, voilà tout. Si le nôtre gouverne douze astres au maximum, pourquoi ses confrères auraient-ils de beaucoup plus grands royaumes ? — « Pourquoi non » ? peut-on répondre. Et au fait, la réponse vaut la demande.

Accordons-les, soit. Les causes de diversité restent toujours assez faibles. En quoi consistent-elles ? La principale gît dans les inégalités de volume des nébuleuses, qui entraînent des inégalités correspondantes dans la grosseur et le nombre des planètes de leur fabrique. Viennent ensuite les inégalités de choc qui modifient les vitesses de rotation et de translation, l'aplatissement des pôles, les inclinaisons de l'axe sur l'écliptique, etc., etc.

Disons aussi les causes de similitude. Identité de formation et de mécanisme : une étoile, condensation d'une nébuleuse et centre de plusieurs orbites planétaires, échelonnées à certains intervalles, tel est le fond commun. En outre, l'analyse spectrale révèle l'unité de composition des corps célestes. Mêmes éléments intimes partout ; l'univers n'est qu'un ensemble de familles unies en quelque sorte par la chair et par le sang. Même matière, classée et organisée par la même méthode, dans le même ordre. Fond et gouvernement identiques. Voilà qui semble limiter singulièrement les dissemblances et ouvrir bien large la porte aux ménechmes. Néanmoins, répétons-le, de ces données il peut sortir, en nombres inimaginables, des combinaisons *différentes* de systèmes planétaires. Ces nombres vont-ils à l'infini? Non, parce qu'ils sont tous formés avec cent *corps simples*, chiffre imperceptible.

L'infini relève de la géométrie et n'a rien à voir avec l'algèbre. L'algèbre est quelquefois un jeu, la géométrie jamais. L'algèbre fouille à l'aveuglette, comme la taupe. Elle ne trouve qu'au bout de cette course à tâtons un résultat qui est souvent une belle formule, parfois une mystification. La géométrie n'entre jamais dans l'ombre, elle tient nos yeux fixés sur les trois dimensions qui n'admettent pas les sophismes et les tours de passe-passe. Elle nous dit : Regardez ces milliers de globes, faible coin de l'univers, et rappelez-vous leur histoire. Une conflagration les a tirés du sein de la mort et les a lancés dans l'espace, nébuleuses immenses, origine d'une nouvelle voie lactée. Par une, nous saurons la destinée de toutes.

Le choc résurrecteur a confondu en les volatilisant tous les *corps simples* de la nébuleuse. La condensation les a séparés de nouveau, puis classés selon les lois de la pesanteur, et dans chaque planète et dans l'ensemble du groupe. Les parties légères prédominent chez les planètes excentriques, les parties denses chez les centrales. De là, pour la proportion des *corps simples*, et même pour le volume total des globes, tendance nécessaire à la similitude entre les planètes de même rang de tous les systèmes stellaires; grandeur et légèreté progressives, de la capitale aux frontières ; petitesse et densité de plus en plus prononcées, des frontières à la capitale. La conclusion s'entrevoit. Déjà l'uniformité du mode de création des astres et la communauté de leurs éléments, impliquaient entre eux des ressemblances plus que fraternelles. Ces parités croissantes de constitution doivent évidemment aboutir à la fréquence de l'identité. Les ménechmes deviennent sosies.

Tel est notre point de départ pour affirmer la limitation des combinaisons *différenciées* de la matière et, par conséquent, leur insuffisance à semer de corps célestes les champs de l'étendue. Ces combinaisons, malgré leur multitude, ont un terme et, dès lors, doivent se *répéter*, pour atteindre à l'infini. La nature tire chacun de ses ouvrages à milliards d'exemplaires. Dans la texture des astres, la similitude et la répétition forment la règle, la dissemblance et la variété, l'exception.

Aux prises avec ces idées de nombre, comment les formuler sinon par des chiffres, leurs uniques interprètes? Or, ces interprètes obligés sont ici infidèles ou impuissants; infidèles, quand il s'agit des *combinaisons-types* de la matière dont le nombre est limité; impuissants et vides, dès qu'on parle des *répétitions infinies* de ces combinaisons. Dans le premier cas, celui des combinaisons originales ou types, les chiffres seront arbitraires, vagues, pris au hasard, sans valeur même approximative. Mille, cent mille, un million, un trillion, etc., etc, erreur toujours, mais erreur en plus ou en moins, simplement. Dans le second cas, au contraire, celui des *répétitions infinies*, tout chiffre devient un nonsens absolu, puisqu'il veut exprimer ce qui est inexprimable.

A vrai dire, il ne peut être question de chiffres réels : ils ne sont pour nous qu'une locution. Deux éléments seuls se trouvent en présence, le *fini* et l'*infini*. Notre thèse soutient que les cent *corps simples* ne sauraient se prêter à la formation de combinaisons *originales infinies*. Il n'y aura donc en lutte, au fond, que le *fini* représenté par des chiffres indéterminés, et l'*infini* par un chiffre conventionnel.

Les corps célestes sont ainsi classés par *originaux* et par *copies*. Les originaux, c'est l'ensemble des globes qui forment chacun un *type spécial*. Les *copies*, ce sont les *répétitions*, *exemplaires* ou *épreuves* de ce type. Le nombre des *types originaux* est borné, celui des *copies* ou répétitions, infini. C'est par lui que l'infini se constitue. Chaque type a derrière lui une armée de sosies dont le nombre est sans limites.

Pour la première classe ou catégorie, celle des *types*, les chiffres divers, pris à volonté, ne peuvent avoir et n'auront aucune exactitude ; ils signifient purement *beaucoup*. Pour la seconde classe, savoir, les *copies*, *répétitions*, *exemplaires*, *épreuves* (mots tous synonymes), le terme *milliard* sera seul mis en usage ; il voudra dire *infini*.

On conçoit que les astres pourraient être en nombre infini et reproduire tous un seul et même *type*. Admettons un instant que tous les systèmes stellaires, matériel et personnel, soient un calque absolu du nôtre, planète par planète, sans un iota de différence. Cette collection de *copies* formerait à elle seule l'infini. Il n'y aurait qu'un *type* pour l'univers entier. Il n'en est point ainsi, bien entendu. Le nombre des combinaisons-*types* est incalculable quoique *fini*.

Appuyée sur les faits et les raisonnements qui précèdent, notre thèse affirme que la matière ne saurait atteindre à l'*infini*, dans la *diversité* des combinaisons sidérales. Oh ! si les éléments dont elle dispose étaient eux-mêmes d'une variété infinie, si l'on avait pu se convaincre que les astres lointains n'ont rien de commun avec notre terre dans leur composition, que partout la nature travaille avec de l'inconnu, on aurait pu lui concéder l'infini à discrétion. Encore, pensions-nous déjà, il y a trente ans, que par le fait de l'infinité des corps célestes, notre planète devait exister à milliers d'exemplaires. Seulement, cette opinion n'était qu'une affaire d'instinct et ne s'appuyait absolument que sur la donnée de l'*infini*. L'analyse spectrale a complétement changé la situation et ouvert les portes à la réalité qui s'y précipite.

L'illusion sur les structures fantastiques est tombée. Point d'autres matériaux nulle part que la centaine de *corps simples*, dont nous avons les deux tiers sous les yeux. C'est avec ce maigre assortiment qu'il faut faire et refaire sans trêve l'univers. M. Haussmann en avait autant pour rebâtir Paris. Il avait les mêmes. Ce n'est pas la variété qui brille dans ses bâtisses. La nature, qui démolit aussi pour reconstruire, réussit un peu mieux ses architectures. Elle sait tirer de son indigence un si riche parti, qu'on hésite avant d'assigner un terme à l'originalité de ses œuvres.

Serrons le problème. Supposant tous les systèmes stellaires d'égale durée, mille billions d'années, par exemple, imaginons aussi par hypothèse qu'ils commencent et finissent ensemble, à la même minute. On sait que tous ces groupes, en quelque sorte de même sang, de même chair, de même ossature, se développent aussi par la même méthode. Dans les divers systèmes, les planètes se rangent symétriquement, selon l'intimité de leur ressemblance, et ces similitudes les poussent de concert à l'identité. Cent *corps simples*, matériaux uniques et communs d'un ensemble foncièrement solidaire, seront-ils capables de fournir une combinaison *différente* et *spéciale* pour chaque globe, c'est-à-dire un nombre infini d'*originaux distincts?* Non, certes, car les diversités de toute espèce qui font varier les combinaisons, dépendent d'un nombre bien restreint, *cent*. Les astres *différenciés* ou *types* sont dès lors réduits à un chiffre limité, et l'infinité des globes ne peut surgir que de l'infinité des *répétitions*.

Ainsi, voilà les combinaisons originales épuisées sans avoir pu atteindre à l'infini. Des myriades de systèmes stello-planétaires différents circulent dans une province de l'étendue, car ils ne sauraient peupler qu'une province. La matière va-t-elle en rester là et faire figure d'un point dans le ciel ? ou se contenter de mille, dix mille, cent mille points qui élargiraient d'une insignifiance son maigre domaine ? Non, sa vocation, sa loi, c'est l'infini. Elle ne se laissera point déborder par le vide. L'espace ne deviendra pas son cachot. Elle saura l'envahir pour le vivifier. Pourquoi, d'ailleurs, l'infini ne serait-il pas l'universel apanage ? la propriété du brin et du ciron aussi bien que du grand Tout ?

Telle est en effet la vérité qui ressort de ces vastes problèmes. Écartons maintenant l'hypothèse qui a fait jaillir la démonstration. Les systèmes planétaires ne fournissent nullement, on le pense bien, une carrière contemporaine. Loin de là : leurs âges s'enchevêtrent et s'entrecroisent dans tous les sens et à tous les instants, depuis la naissance embrasée de la nébuleuse jusqu'au trépassement de l'étoile, jusqu'au choc qui la ressuscite.

Laissons un moment de côté les systèmes stellaires *originaux*, pour nous occuper plus spécialement de la terre. Nous la rattacherons tout à l'heure à l'un d'eux, à notre système solaire, dont elle fait partie et qui règle sa destinée. On comprend que, dans notre thèse, l'homme, pas plus que les animaux et les choses, n'a de titres personnels à l'infini. Par lui-même, il n'est qu'un éphémère. C'est le globe dont il est l'enfant qui le fait participer à son brevet d'infinité dans le temps et dans l'espace. Chacun de nos sosies est le fils d'une terre, sosie elle-même de la terre actuelle. Nous faisons partie du calque. La terre-sosie reproduit exactement tout ce qui se trouve sur la nôtre et, par suite, chaque individu, avec sa famille, sa maison, quand il en a, tous les événements de sa vie. C'est un duplicata de notre globe, contenant et contenu. Rien n'y manque.

Les systèmes stellaires échelonnent leurs planètes autour du soleil, dans un ordre réglé par les lois de la pesanteur, qui assignent ainsi, dans chaque groupe, une place symétrique aux créations analogues. La terre est la troisième planète à partir du soleil, et ce rang tient sans doute à des conditions particulières de grandeur, de densité, d'atmosphère, etc. Des millions de systèmes stellaires se rapprochent certainement du nôtre, pour le chiffre et la disposition de leurs astres. Car le cortége est strictement disposé selon les lois de la gravitation. Dans tous les groupes de huit à douze planètes, la troisième a de fortes chances pour ne pas différer beaucoup de la terre ; d'abord, la distance du soleil, condition essentielle qui donne identité de chaleur et de lumière. Le volume et la masse, l'inclinaison de l'axe sur l'écliptique peuvent varier. Encore, si la nébuleuse équivalait à peu près à la nôtre, il y a toute raison pour que le développement suive pas à pas la même marche.

Supposons néanmoins des diversités qui bornent le rapprochement à une simple analogie. On comptera par milliards des terres de cette espèce, avant de rencontrer une ressemblance entière. Tous ces globes auront, comme nous, des terrains étagés, une flore, une faune, des mers, une atmosphère, des hommes. Mais la durée des périodes géologiques, la répartition des eaux, des continents, des îles, des races animales et humaines, offriront des variétés innombrables. Passons.

Une terre naît enfin avec notre humanité, qui déroule ses races, ses migrations, ses luttes, ses empires, ses catastrophes. Toutes ces péripéties vont changer ses destinées, la lancer sur des voies qui ne sont point celles de notre globe. A toute minute, à toute seconde, les milliers de directions différentes s'offrent à ce genre humain. Il en choisit une, abandonne à jamais les autres. Que d'écarts à droite et à gauche modifient les individus, l'histoire ! Ce n'est point encore là notre passé. Mettons de côté ces épreuves confuses. Elles ne feront pas moins leur chemin et seront des mondes.

Nous arrivons cependant. Voici un exemplaire complet, choses et personnes. Pas un caillou, pas un arbre, pas un ruisseau, pas un animal, pas un homme, pas un incident, qui n'ait trouvé sa place et sa minute dans le duplicata. C'est une véritable terre-sosie,... jusqu'aujourd'hui du moins. Car demain, les évènements et les hommes poursuivront leur marche. Désormais, c'est pour nous l'inconnu. L'avenir de notre terre, comme son passé, changera des millions de fois de route. Le passé est un fait accompli ; c'est le nôtre. L'avenir sera clos seulement à la mort du globe. D'ici là, chaque seconde amènera sa bifurcation, le chemin qu'on prendra, celui qu'on aurait pu prendre. Quel qu'il soit, celui qui doit compléter l'existence propre de la planète jusqu'à son dernier jour, a été parcouru déjà des milliards de fois. Il ne sera qu'une copie imprimée d'avance par les siècles.

Les événements ne créent pas seuls des variantes humaines. Quel homme ne se trouve parfois en présence de deux carrières ? Celle dont il se détourne lui ferait une vie bien différente, tout en le laissant la même individualité. L'une conduit à la misère, à la honte, à la servitude. L'autre menait à la gloire, à la liberté. Ici une femme charmante et le bonheur ; là une furie et la désolation. Je parle pour les deux sexes. On prend au hasard ou au choix, n'importe, on n'échappe pas à la fatalité. Mais la fatalité ne trouve pas pied dans l'infini, qui ne connaît point l'alternative et a place pour tout. Une terre existe où l'homme suit la route dédaignée dans l'autre par le sosie. Son existence se dédouble, un globe pour chacune, puis se bifurque une seconde, une troisième fois, des milliers de fois. Il possède ainsi des sosies complets et des variantes innombrables de sosies, qui multiplient et représentent toujours sa personne, mais ne prennent que des lambeaux de sa destinée. Tout ce qu'on aurait pu être ici-bas, on l'est quelque part ailleurs. Outre son existence entière, de la naissance à la mort, que l'on vit sur une foule de terres, on en vit sur d'autres dix mille éditions différentes.

Les grands événements de notre globe ont leur contre-partie, surtout quand la fatalité y a joué un rôle. Les Anglais ont perdu peut-être bien des fois la bataille de Waterloo sur les globes où leur adversaire n'a pas commis la bévue de Grouchy. Elle a tenu à peu. En revanche, Bonaparte ne remporte pas toujours ailleurs la victoire de Marengo qui a été ici un raccroc.

J'entends des clameurs « Hé ! quelle folie nous arrive là » en droite ligne de Bedlam ! Quoi des milliards d'exem- » plaires de terres analogues ! D'autres milliards pour des » commencements de ressemblance ! des centaines de mil- » lions pour les sottises et les crimes de l'humanité ! Puis » des milliers de millions pour les fantaisies individuelles. » Chacune de nos bonnes ou de nos mauvaises humeurs » aura un échantillon spécial de globe à ses ordres. Tous les » carrefours du ciel sont encombrés de nos doublures ! »

Non, non, ces doublures ne font foule nulle part. Elles sont même fort rares, quoique comptant par milliards, c'est-à-dire ne comptant plus. Nos télescopes, qui ont un assez beau champ à parcourir, n'y découvriraient pas, fût elle visible, une seule édition de notre planète. C'est mille ou cent mille fois peut-être cet intervalle qui serait à franchir, avant d'avoir la chance d'une de ces rencontres. Parmi mille millions de systèmes stellaires, qui peut dire si l'on trouverait une seule reproduction de notre groupe ou de l'un de ses membres ? Et pourtant, le nombre en est infini. Nous disions au début : « Chaque parole fût-elle l'énoncé des plus effroyables distances, on parlerait ainsi des milliards de milliards de siècles, à un mot par seconde, pour n'exprimer en somme qu'une insignifiance, dès qu'il s'agit de l'infini. »

Cette pensée trouve ici son application. Comme *types spéciaux*, chacun à un seul exemplaire, les myriades de terres à *différence* quelconque ne seraient qu'un point dans l'espace. Chacune d'elles doit être répétée à *l'infini*, avant de compter pour quelque chose. La terre, sosie exact de la nôtre, du jour de sa naissance au jour de sa mort, puis de sa résurrection, cette terre existe à milliards de *copies*, pour chacune des secondes de sa durée. C'est sa destinée comme *répétition* d'une combinaison *originale*, et toutes les *répétitions* des autres *types* la partagent.

L'annonce d'un duplicata de notre résidence terrestre, avec tous ses hôtes sans distinction, depuis le grain de sable jusqu'à l'empereur d'Allemagne, peut paraître une hardiesse légèrement fantastique, surtout quand il s'agit de duplicata tirés à milliards. L'auteur, naturellement, trouve ses raisons excellentes, puisqu'il les a rééditées déjà cinq à six fois, sans préjudice de l'avenir. Il lui semble difficile que la nature, exécutant la même besogne avec les mêmes matériaux et sur le même patron, ne soit pas contrainte de couler souvent sa fonte dans le même moule. Il faudrait plutôt s'étonner du contraire.

Quant aux profusions du tirage, il n'y a pas à se gêner

avec l'infini, il est riche. Si insatiable qu'on puisse être, il possède plus que toutes les demandes, plus que tous les rêves. D'ailleurs, cette pluie *d'épreuves* ne tombe pas en averse sur une localité. Elle s'éparpille à travers des champs incommensurables. Il nous importe assez peu que nos sosies soient nos voisins. Fussent-ils dans la lune, la conversation n'en serait pas plus commode, ni la connaissance plus aisée à faire. Il est même flatteur de se savoir là-bas, bien loin, plus loin que le diable Vauvert, lisant en pantoufles son journal, ou assistant à la bataille de Valmy, qui se livre en ce moment dans des milliers de Républiques françaises.

Pensez-vous qu'à l'autre bout de l'infini, dans quelque terre compatissante, le prince royal, arrivant trop tard sur Sadowa, ait permis au malheureux Benedeck de gagner sa bataille?... Mais voici Pompée qui vient de perdre celle de Pharsale. Pauvre homme! il s'en va chercher des consolations à Alexandrie, auprès de son bon ami le roi Ptolémée... César rira bien... Eh! tout juste, il est en train de recevoir en plein sénat ses vingt-deux coups de poignard... Bah! c'est sa ration quotidienne depuis le non-commencement du monde, et il les emmagasine avec une philosophie imperturbable. Il est vrai que ses sosies ne lui donnent pas l'alarme. Voilà le terrible! on ne peut pas s'avertir. S'il était permis de faire passer l'histoire de sa vie, avec quelques bons conseils, aux doubles qu'on possède dans l'espace, on leur épargnerait bien des sottises et des chagrins...

Ceci, au fond, malgré la plaisanterie, est très-sérieux. Il ne s'agit nullement d'anti-lions, d'anti-tigres, ni d'œils au bout de la queue; il s'agit de mathématiques et de faits positifs. Je défie la nature de ne pas fabriquer à la journée, depuis que le monde est monde, des milliards de systèmes solaires, calques serviles du nôtre, matériel et personnel. Je lui permets d'épuiser le calcul des probabilités, sans en manquer une. Dès qu'elle sera au bout de son rouleau, je la rabats sur l'infini, et je la somme de s'exécuter, c'est-à-dire d'exécuter sans fin des duplicata. Je n'ai garde d'alléguer pour motif la beauté d'échantillons qu'il serait grand dommage de ne pas multiplier à satiété. Il me semble au contraire malsain et barbare d'empoisonner l'espace d'un tas de pays fétides.

Observations inutiles, d'ailleurs. La nature ne connaît ni ne pratique la morale en action. Ce qu'elle fait, elle ne le fait pas exprès. Elle travaille à colin-maillard, détruit, crée, transforme. Le reste ne la regarde pas. Les yeux fermés, elle applique le calcul des probabilités mieux que tous les mathématiciens ne l'expliquent, les yeux très-ouverts. Pas une variante ne l'esquive, pas une chance ne demeure au fond de l'urne. Elle tire tous les numéros. Quand il ne reste rien au fond du sac, elle ouvre la boîte aux repétitions, tonneau sans fond celui-là aussi, qui ne se vide jamais, à l'inverse du tonneau des Danaïdes qui ne pouvait se remplir.

Ainsi procède la matière, depuis qu'elle est la matière, ce qui ne date pas de huitaine. Travaillant sur un plan uniforme, avec cent *corps simples*, qui ne diminuent ni n'augmentent jamais d'un atome, elle ne peut que *répéter* sans fin une certaine quantité de combinaisons *différentes*, qu'à ce titre on appelle *primordiales*, *originales*, etc., etc.; il ne sort de son chantier que des systèmes stellaires.

Par cela seul qu'il existe, tout astre a toujours existé, existera toujours, non pas dans sa personnalité actuelle, temporaire et périssable, mais dans une série infinie de personnalités semblables, qui se reproduisent à travers les siècles. Il appartient à une des combinaisons *originales*, permises par les arrangements divers des cent *corps simples*.

Identique à ses incarnations précédentes, placé dans les mêmes conditions, il vit et vivra exactement la même vie d'ensemble et de détails que durant ses avatars antérieurs.

Tous les astres sont des répétitions d'une combinaison *originale* ou *type*. Il ne saurait se former de nouveaux *types*. Le nombre en est nécessairement épuisé dès l'origine des choses, — quoique les choses n'aient point eu d'origine. Cela signifie qu'un nombre fixe de combinaisons *originales* existe de toute éternité, et n'est pas plus susceptible d'augmenter ni de diminuer que la matière. Il est et restera le même jusqu'à la fin des choses qui ne peuvent pas plus finir que commencer. Éternité des *types* actuels dans le passé comme dans le futur, et pas un astre qui ne soit un *type* répété à l'infini, dans le temps et dans l'espace, telle est la réalité.

Notre terre, ainsi que les autres corps célestes, est la *répétition* d'une combinaison *primordiale*, qui se reproduit toujours la même, et qui existe simultanément en milliards d'exemplaires identiques. Chaque exemplaire naît, vit et meurt à son tour. Il en naît, il en meurt par milliards à chaque seconde qui s'écoule. Sur chacun d'eux se succèdent toutes les choses matérielles, tous les êtres organisés, dans le même ordre, au même lieu, à la même minute où ils se succèdent sur les autres terres, ses sosies. Par conséquent, tous les faits accomplis ou à accomplir sur notre globe, avant sa mort, s'acomplissent exactement les mêmes dans les milliards de ses pareils. Et comme il en est ainsi pour tous les systèmes stellaires, l'univers entier est la reproduction permanente, sans fin, d'un matériel et d'un personnel toujours renouvelé et toujours le même.

L'identité de deux planètes exige-t-elle l'identité de leurs systèmes solaires? A coup sûr, celle des deux soleils est de nécessité absolue, à peine d'un changement dans les conditions d'existence, qui entraînerait les deux astres vers des destinées différentes, malgré leur identité originelle, du reste peu probable. Mais dans les deux groupes stellaires, la similitude complète est-elle aussi de rigueur entre tous les globes correspondants par leur numéro d'ordre? Faut-il double Mercure, double Mars, double Neptune, etc., etc.? Question insoluble par insuffisance de données.

Sans doute ces corps subissent leur influence réciproque, et l'absence de Jupiter, par exemple, ou sa réduction des neuf dixièmes seraient pour ses voisins une cause sensible de modification. Toutefois, l'éloignement atténue ces causes et peut même les annuler. En outre, le soleil règne seul, comme lumière et comme chaleur, et quand on songe que sa masse est à celle de son cortége planétaire comme 741 est à 1, il semble que cette puissance énorme d'attraction doit anéantir toute rivalité. Cela n'est pas cependant. Les planètes exercent sur la terre une action bien avérée.

La question, du reste, est assez indifférente et n'engage pas notre thèse. S'il est possible que l'identité existe entre deux terres, sans se reproduire aussi entre les autres planètes corrélatives, c'est chose faite d'emblée, car la nature ne rate pas une combinaison. Dans le cas contraire, peu importe. Que les terres-sosies exigent, pour condition *sine quâ non*, des systèmes solaires-sosies, soit. Il en résulte simplement, pour conséquence, des millions de groupes stellaires, où notre globe, au lieu de sosies, possède des ménechmes à divers degrés, combinaisons *originales*, répétées à l'infini, ainsi que toutes les autres.

Des systèmes solaires, parfaitement identiques et en nombre infini, satisfont d'ailleurs sans peine au programme obligé. Ils constituent un *type original*. Là, toutes les planètes correspondantes par échelon, offrent la plus irréprochable identité. Mercure y est le sosie de Mercure, Vénus de Vénus, la Terre de la Terre, etc. C'est par milliards que ces systèmes sont répandus dans l'espace, comme *répétitions* d'un *type*.

Parmi les combinaisons *différenciées*, en est-il dont les différences surviennent dans des globes identiques d'abord à l'heure de leur naissance? Il faut distinguer. Ces mutations ne sont guère admissibles comme œuvres spontanées de la matière elle-même. La minute initiale d'un astre détermine toute la série de ses transformations matérielles. La nature n'a que des lois inflexibles, immuables. Tant qu'elles gouvernent seules, tout suit une marche fixe et fatale. Mais les variations commencent avec les êtres animés qui ont des volontés, autrement dit, des caprices. Dès que les hommes interviennent surtout, la fantaisie intervient avec eux. Ce n'est pas qu'ils puissent toucher beaucoup à la planète. Leurs plus gigantesques efforts ne remuent pas une taupinière, ce qui ne les empêche pas de poser en conquérants et de tomber en extase devant leur génie et leur puissance. La matière a bientôt balayé ces travaux de myrmidons, dès qu'ils cessent de les défendre contre elle. Cherchez ces villes fameuses, Ninive, Babylone, Thèbes, Memphis, Persépolis, Palmyre, où pullulaient des millions d'habitants avec leur activité fiévreuse. Qu'en reste-il? Pas même les décombres. L'herbe ou le sable recouvrent leurs tombeaux. Que les œuvres humaines soient négligées un instant, la nature commence paisiblement à les démolir, et pour peu qu'on tarde, on la trouve réinstallée florissante sur leurs débris.

Si les hommes dérangent peu la matière, en revanche, ils se dérangent beaucoup eux-mêmes. Leur turbulence ne trouble jamais sérieusement la marche naturelle des phénomènes physiques, mais elle bouleverse l'humanité. Il faut donc prévoir cette influence subversive qui change le cours des destinées individuelles, détruit ou modifie les races animales, déchire les nations et culbute les empires. Certes, ces brutalités s'accomplissent, sans même égratigner l'épiderme terrestre. La disparition des perturbateurs ne laisserait pas trace de leur présence soi-disant souveraine, et suffirait pour rendre à la nature sa virginité à peine effleurée.

C'est parmi eux-mêmes que les hommes font des victimes et amènent d'immenses changements. Au souffle des passions et des intérêts en lutte, leur espèce s'agite avec plus de violence que l'océan sous l'effort de la tempête. Que de différences entre la marche d'humanités qui ont cependant commencé leur carrière avec le même personnel, dû à l'identité des conditions matérielles de leurs planètes! Si l'on considère la mobilité des individus, les mille troubles qui viennent sans cesse dévoyer leur existence, on arrivera facilement à des sextillions de sextillions de variantes dans le genre humain. Mais une seule combinaison *originale* de la matière, celle de notre système planétaire, fournit, par *répétitions*, des milliards de terres, qui assurent des sosies aux sextillions d'Humanités diverses, sorties des effervescences de l'homme. La première année de la route ne donnera que dix variantes, la seconde dix mille, la troisième des millions, et ainsi de suite, avec un *crescendo* proportionnel au progrès qui se manifeste, comme on sait, par des procédés extraordinaires.

Ces différentes collectivités humaines n'ont qu'une chose de commun, la durée, puisque nées sur des *copies* du même *type originel*, chacune en écrit son exemplaire à sa façon. Le nombre de ces histoires particulières, si grand qu'on le fasse, est toujours un nombre *fini*, et nous savons que la combinaison *primordiale* est infinie par *répétitions*. Chacune des histoires particulières, représentant une même collectivité, se tire à milliards d'*épreuves* pareilles, et chaque individu, partie intégrante de cette collectivité, possède en conséquence des sosies par milliards. On sait que tout homme peut figurer à la fois sur plusieurs variantes, par suite de changements dans la route que suivent ses sosies sur leurs terres respectives, changements qui dédoublent la vie, sans toucher à la personnalité.

Condensons : La matière, obligée de ne construire que des nébuleuses, transformées plus tard en groupes stello-planétaires, ne peut, malgré sa fécondité, dépasser un certain nombre de combinaisons *spéciales*. Chacun de ces *types* est un système stellaire qui se répète sans fin, seul moyen de pourvoir au peuplement de l'étendue. Notre soleil, avec son cortége de planètes, est une des combinaisons *originales*, et celle-là, comme toutes les autres, est tirée à des milliards d'épreuves. De chacune de ces épreuves fait partie naturellement une terre identique avec la nôtre, une terre sosie quant à sa constitution matérielle, et par suite engendrant les mêmes espèces végétales et animales qui naissent à la surface terrestre.

Toutes les Humanités, identiques à l'heure de l'éclosion, suivent, chacune sur sa planète, la route tracée par les passions, et les individus contribuent à la modification de cette route par leur influence particulière. Il résulte de là que, malgré l'identité constante de son début, l'Humanité n'a pas le même personnel sur tous les globes semblables, et que chacun de ces globes, en quelque sorte, a son Humanité spéciale, sortie de la même source, et partie du même point que les autres, mais dérivée en chemin par mille sentiers, pour aboutir en fin de compte à une vie et à une histoire différentes.

Mais le chiffre restreint des habitants de chaque terre ne permet pas à ces variantes de l'Humanité de dépasser un nombre déterminé. Donc, si prodigieux qu'il puisse être, ce nombre des collectivités humaines *particulières* est *fini*. Dès lors il n'est rien, comparé à la quantité *infinie* des terres identiques, domaine de la combinaison solaire *type*, et qui possédaient toutes, à leur origine, des Humanités naissantes pareilles, bien que modifiées ensuite sans relâche. Il s'ensuit que chaque terre, contenant une de ces collectivités humaines *particulières*, résultat de modifications incessantes, doit se répéter des milliards de fois, pour faire face aux nécessités de l'infini. De là des milliards de terres, absolument sosies, personnel et matériel, où pas un fétu ne varie, soit en temps, soit en lieu, ni d'un millième de seconde, ni d'un fil d'araignée. Il en est de ces variantes terrestres ou collectivités humaines, comme des systèmes stellaires *originaux*. Leur chiffre est limité, parce qu'il a pour éléments des nombres *finis*, les hommes d'une terre, de même que les systèmes stellaires *originaux* ont pour éléments un nombre *fini*, les cent *corps simples*. Mais chaque variante tire ses épreuves par milliards.

Telle est la destinée commune de nos planètes, Mercure, Vénus, la Terre, etc., etc., et des planètes de tous les systèmes stellaires *primordiaux* ou *types*. Ajoutons que parmi ces systèmes, des millions se rapprochent du nôtre, sans en être les *duplicata*, et comptent d'innombrables terres, non plus identiques avec celle où nous vivons, mais ayant avec elle tous les degrés possibles de ressemblance ou d'analogie.

Tous ces systèmes, toutes ces variantes et leurs *répétitions* forment d'innombrables séries d'infinis partiels, qui vont s'engouffrer dans le grand infini, comme les fleuves dans l'océan. Qu'on ne se récrie point contre ces globes tombant de la plume par milliards. Il ne faut pas dire ici : Où trouver de la place pour tant de monde? Mais, où trouver des mondes pour tant de place? On peut milliarder sans scrupule avec l'infini, il demandera toujours son reste.

Les doctrines, qui ont parfois le mot pour rire aussi bien que pour pleurer, railleront peut-être nos infinis partiels, en nous félicitant de faire tant de monnaie avec une pièce fausse. En effet, quand un infini unique est dénié à l'étendue, lui en adjuger des millions, le procédé semble sans gêne. Rien de plus simple cependant. L'espace étant sans limites, on peut lui prêter toutes les figures, précisément parce qu'il n'en a aucune. Tout à l'heure sphère, le voici maintenant cylindre.

Que neuf traits de scie partagent en dix planches, perpendiculairement à son axe, un bloc de bois cylindrique. Que, par la pensée, on étende à l'*infini* le périmètre circulaire de chacune de ces planches. Qu'on les écarte aussi, par la pensée, les unes des autres de quelques quatrillions de quatrillions de lieues. Voilà dix infinis partiels irréprochables quoique un peu maigres. Tous les astres, issus de nos calculs, tiendraient à l'aise, avec leurs domaines respectifs, dans chacun de ces compartiments. De plus, rien n'empêche d'en juxtaposer d'autres, et d'ajouter ainsi de l'infini à discrétion.

Il est bien entendu que ces astres ne restent point parqués en catégories par identités. Les conflagrations rénovatrices les fusionnent et les mêlent sans cesse. Un système solaire ne renaît point, comme le phénix, de sa propre combustion, qui contribue, au contraire, à former des combinaisons différentes. Il prend sa revanche ailleurs, réenfanté par d'autres volatilisations. Les matériaux se trouvant partout les mêmes, cent *corps simples*, et la donnée étant l'infini, les probabilités s'égalisent. Le résultat est la permanence invariable de l'ensemble par la transformation perpétuelle des parties.

Que si la chicane, à cheval sur l'*Indéfini*, nous cherche des querelles d'allemand pour nous contraindre à comprendre et à lui expliquer l'*Infini*, nous la renverrons aux jupitériens, pourvus sans doute d'une plus grosse cervelle. Non, nous ne pouvons dépasser l'indéfini. C'est connu et l'on ne tente que sous cette forme de concevoir l'*Infini*. On ajoute l'espace à l'espace, et la pensée arrive fort bien à cette conclusion qu'il est sans limites. Assurément, on additionnerait durant des myriades de siècles que le total serait toujours un nombre *fini*. Qu'est-ce que cela prouve ? L'*Infini* d'abord par l'impossibilité d'aboutir, puis la faiblesse de notre cerveau.

Oui, après avoir semé des chiffres à soulever les rires et les épaules, on demeure essoufflé aux premiers pas sur la route de l'infini. Il est cependant aussi clair qu'impénétrable, et se démontre merveilleusement en deux mots : L'espace plein de corps célestes, toujours, sans fin. C'est fort simple, bien qu'incompréhensible.

Notre analyse de l'univers a surtout mis en scène les planètes, seul théâtre de la vie organique. Les étoiles sont restées à l'arrière-plan. C'est que là, point de formes changeantes, point de métamorphoses. Rien que le tumulte de l'incendie colossal, source de la chaleur et de la lumière, puis sa décroissance progressive, et enfin les ténèbres glacées. L'étoile n'en est pas moins le foyer vital des groupes constitués par la condensation des nébuleuses. C'est elle qui classe et règle le système dont elle forme le centre. Dans chaque combinaison-*type*, elle est différente de grandeur et de mouvement. Elle demeure immuable pour toutes les répétitions de ce *type*, y compris les variantes planétaires qui sont le fait de l'humanité.

Il ne faut pas s'imaginer, en effet, que ces reproductions de globes se fassent pour les beaux yeux des sosies qui les habitent. Le préjugé d'égoïsme et d'éducation qui rapporte tout à nous, est une sottise. La nature ne s'occupe pas de nous. Elle fabrique des groupes stellaires dans la mesure des matériaux à sa disposition. Les uns sont des *originaux*, les autres des duplicata, édités à milliards. Il n'y a même pas proprement d'*originaux*, c'est-à-dire des premiers en date, mais des *types* divers, derrière lesquels se rangent les systèmes stellaires.

Que les planètes de ces groupes produisent ou non des hommes, ce n'est pas le souci de la nature, qui n'a aucune espèce de soucis, qui fait sa besogne, sans s'inquiéter des conséquences. Elle applique 998 *millièmes* de la matière aux étoiles, où ne poussent ni un brin d'herbe ni un ciron, et le reste, « *deux millièmes* ! » aux planètes, dont la moitié, sinon plus, se dispense également de loger et de nourrir des bipèdes de notre module. En somme, pourtant, elle fait assez bien les choses. Il ne faut pas murmurer. Plus modeste, la lampe qui nous éclaire et qui nous chauffe nous abandonnerait vite à la nuit éternelle, ou plutôt nous ne serions jamais entrés dans la lumière.

Les étoiles seules auraient à se plaindre, mais elles ne se plaignent pas. Pauvres étoiles ! leur rôle de splendeur n'est qu'un rôle de sacrifice. Créatrices et servantes de la puissance productrice des planètes, elles ne la possèdent point elles-mêmes, et doivent se résigner à leur carrière ingrate et monotone de flambeaux. Elles ont l'éclat sans la jouissance ; derrière elles, se cachent invisibles les réalités vivantes. Ces reines-esclaves sont cependant de la même pâte que leurs heureuses sujettes. Les cent *corps simples* en font tous les frais. Mais ceux-là ne retrouveront la fécondité qu'en dépouillant la grandeur. Maintenant flammes éblouissantes, ils seront un jour ténèbres et glaces, et ne pourront renaître à la vie que planètes, après le choc qui volatilisera le cortége et sa reine en nébuleuse.

En attendant le bonheur de cette déchéance, les souveraines sans le savoir gouvernent leurs royaumes par les bienfaits. Elles font les moissons, jamais la récolte. Elles ont toutes les charges, sans bénéfice. Seules maîtresses de la force, elles n'en usent qu'au profit de la faiblesse. Chères étoiles! vous trouvez peu d'imitateurs.

Concluons enfin à l'immanence des moindres parcelles de la matière. Si leur durée n'est qu'une seconde, leur renaissance n'a point de limites. L'infinité dans le temps et dans l'espace n'est point l'apanage exclusif de l'univers entier. Elle appartient aussi à toutes les formes de la matière, même à l'infusoire et au grain de sable.

Ainsi, par la grâce de sa planète, chaque homme possède dans l'étendue un nombre sans fin de doublures qui vivent sa vie, absolument telle qu'il la vit lui-même. Il est infini et éternel dans la personne d'autres lui-même, non-seulement de son âge actuel, mais de tous *ses* âges. Il a simultanément, par milliards, à chaque seconde présente, des sosies qui naissent, d'autres qui meurent, d'autres dont l'âge s'échelonne, de seconde en seconde, depuis sa naissance jusqu'à sa mort.

Si quelqu'un interroge les régions célestes pour leur demander leur secret, des milliards de ses sosies lèvent en même temps les yeux, avec la même question dans la pensée, et tous ces regards se croisent invisibles. Et ce n'est pas seulement une fois que ces muettes interrogations traversent l'espace, mais toujours. Chaque seconde de l'éternité a vu et verra la situation d'aujourd'hui, c'est-à-dire des milliards de terres sosies de la nôtre et portant nos sosies personnels.

Ainsi chacun de nous a vécu, vit et vivra sans fin, sous la forme de milliards d'*alter ego*. Tel on est à chaque seconde de sa vie, tel on est stéréotypé à milliards d'épreuves dans l'éternité. Nous partageons la destinée des planètes, nos mères nourricières, au sein desquelles s'accomplit cette inépuisable existence. Les systèmes stellaires nous entraînent dans leur pérennité. Unique organisation de la matière, ils ont en même temps sa fixité et sa mobilité. Chacun d'eux n'est qu'un éclair, mais ces éclairs illuminent éternellement l'espace.

L'univers est infini dans son ensemble et dans chacune de ses fractions, étoile ou grain de poussière. Tel il est à la minute qui sonne, tel il fut, tel il sera toujours, sans un atome ni une seconde de variation. Il n'y a rien de nouveau sous les soleils. Tout ce qui se fait, s'est fait et se fera. Et cependant, quoique le même, l'univers de tout à l'heure n'est plus celui d'à présent, et celui d'à présent ne sera pas davantage celui de tantôt; car il ne demeure point immuable et immobile. Bien au contraire, il se modifie sans cesse. Toutes ses parties sont dans un mouvement indiscontinu. Détruites ici, elles se reproduisent simultanément ailleurs, comme individualités nouvelles.

Les systèmes stellaires finissent, puis recommencent avec des éléments semblables associés par d'autres alliances, reproduction infatigable d'exemplaires pareils puisés dans des débris différents. C'est une alternance, un échange perpétuels de renaissances par transformation.

L'univers est à la fois la vie et la mort, la destruction et la création, le changement et la stabilité, le tumulte et le repos. Il se noue et se dénoue sans fin, toujours le même, avec des êtres toujours renouvelés. Malgré son perpétuel devenir, il est cliché en bronze et tire incessamment la même page. Ensemble et détails, il est éternellement la transformation et l'immanence.

L'homme est un de ces détails. Il partage la mobilité et la permanence du grand Tout. Pas un être humain qui n'ait figuré sur des milliards de globes, rentrés depuis longtemps dans le creuset des refontes. On remonterait en vain le torrent des siècles pour trouver un moment où l'on n'ait pas vécu. Car l'univers n'a point commencé, par conséquent l'homme non plus. Il serait impossible de refluer jusqu'à une époque où tous les astres n'aient pas déjà été détruits et remplacés, donc nous aussi, habitants de ces astres; et jamais, dans l'avenir, un instant ne s'écoulera sans que des milliards d'autres nous-mêmes ne soient en train de naître, de vivre et de mourir. L'homme est, à l'égal de l'univers, l'énigme de l'infini et de l'éternité, et le grain de sable l'est à l'égal de l'homme.

VIII

RÉSUMÉ

L'univers tout entier est composé de systèmes stellaires. Pour les créer, la nature n'a que cent *corps simples* à sa disposition. Malgré le parti prodigieux qu'elle sait tirer de ces ressources et le chiffre incalculable de combinaisons qu'elles permettent à sa fécondité, le résultat est nécessairement un nombre *fini*, comme celui des éléments eux-mêmes, et pour remplir l'étendue, la nature doit répéter à l'infini chacune de ses combinaisons *originales* ou *types*.

Tout astre, quel qu'il soit, existe donc en nombre infini dans le temps et dans l'espace, non pas seulement sous l'un de ses aspects, mais tel qu'il se trouve à chacune des secondes de sa durée, depuis la naissance jusqu'à la mort. Tous les êtres répartis à sa surface, grands ou petits, vivants ou inanimés, partagent le privilége de cette pérennité.

La terre est l'un de ces astres. Tout être humain est donc éternel dans chacune des secondes de son existence. Ce que j'écris en ce moment dans un cachot du fort du Taureau, je l'ai écrit et je l'écrirai pendant l'éternité, sur une table, avec une plume, sous des habits, dans des circonstances toutes semblables. Ainsi de chacun.

Toutes ces terres s'abîment, l'une après l'autre, dans les flammes rénovatrices, pour en renaître et y retomber encore, écoulement monotone d'un sablier qui se retourne et se vide éternellement lui-même. C'est du nouveau toujours vieux, et du vieux toujours nouveau.

Les curieux de vie ultrà-terrestre pourront cependant sourire à une conclusion mathématique qui leur octroie, non pas seulement l'immortalité, mais l'éternité ? Le nombre de nos sosies est infini dans le temps et dans l'espace. En conscience, on ne peut guère exiger davantage. Ces sosies sont en chair et en os, voire en pantalon et paletot, en crinoline et en chignon. Ce ne sont point là des fantômes, c'est de l'actualité éternisée.

Voici néanmoins un grand défaut : il n'y a pas progrès. Hélas ! non, ce sont des rééditions vulgaires, des redites. Tels les exemplaires des mondes passés, tels ceux des mondes futurs. Seul, le chapitre des bifurcations reste ouvert à l'espérance. N'oublions pas que *tout ce qu'on aurait pu être ici-bas, on l'est quelque part ailleurs.*

Le progrès n'est ici-bas que pour nos neveux. Ils ont plus de chance que nous. Toutes les belles choses que verra notre globe, nos futurs descendants les ont déjà vues, les voient en ce moment et les verront toujours, bien entendu, sous la forme de sosies qui les ont précédés et qui les suivront. Fils d'une humanité meilleure, ils nous ont déjà bien bafoués et bien conspués sur les terres mortes, en y passant après nous. Ils continuent à nous fustiger sur les terres vivantes d'où nous avons disparu, et nous poursuivront à jamais de leur mépris sur les terres à naître.

Eux et nous, et tous les hôtes de notre planète, nous renaissons prisonniers du moment et du lieu que les destins nous assignent dans la série de ses avatars. Notre pérennité est un appendice de la sienne. Nous ne sommes que des phénomènes partiels de ses résurrections. Hommes du XIXe siècle, l'heure de nos apparitions est fixée à jamais, et nous ramène toujours les mêmes, tout au plus avec la perspective de variantes heureuses. Rien là pour flatter beaucoup la soif du mieux. Qu'y faire? Je n'ai point cherché mon plaisir, j'ai cherché la vérité. Il n'y a ici ni révélation, ni prophète, mais une simple déduction de l'analyse spectrale et de la cosmogonie de Laplace. Ces deux découvertes nous font éternels. Est-ce une aubaine? Profitons-en. Est-ce une mystification? Résignons-nous.

Mais n'est-ce point une consolation de se savoir constamment, sur des milliards de terres, en compagnie des personnes aimées qui ne sont plus aujourd'hui pour nous qu'un souvenir? En est-ce une autre, en revanche, de penser qu'on a goûté et qu'on goûtera éternellement ce bonheur, sous la figure d'un sosie, de milliards de sosies? C'est pourtant bien nous. Pour beaucoup de petits esprits, ces félicités par substitution manquent un peu d'ivresse. Ils préféreraient à tous les duplicata de l'infini trois ou quatre années de supplément dans l'édition courante. On est âpre au cramponnement, dans notre siècle de désillusions et de scepticisme.

Au fond, elle est mélancolique cette éternité de l'homme par les astres, et plus triste encore cette séquestration des mondes-frères par l'inexorable barrière de l'espace. Tant de populations identiques qui passent sans avoir soupçonné leur mutuelle existence! Si, bien. On la découvre enfin au XIXe siècle. Mais qui voudra y croire?

Et puis, jusqu'ici, le passé pour nous représentait la barbarie, et l'avenir signifiait progrès, science, bonheur, illusion! Ce passé a vu sur tous nos globes-sosies les plus brillantes civilisations disparaître, sans laisser une trace, et elles disparaîtront encore sans en laisser davantage. L'avenir reverra sur des milliards de terres les ignorances, les sottises, les cruautés de nos vieux âges!

A l'heure présente, la vie entière de notre planète, depuis la naissance jusqu'à la mort, se détaille, jour par jour, sur des myriades d'astres-frères, avec tous ses crimes et ses malheurs. Ce que nous appelons le progrès est claquemuré sur chaque terre, et s'évanouit avec elle. Toujours et partout, dans le camp terrestre, le même drame, le même décor, sur la même scène étroite, une humanité bruyante, infatuée de sa grandeur, se croyant l'univers et vivant dans sa prison comme dans une immensité, pour sombrer bientôt avec le globe qui a porté dans le plus profond dédain, le fardeau de son orgueil. Même monotonie, même immobilisme dans les astres étrangers. L'univers se répète sans fin et piaffe sur place. L'éternité joue imperturbablement dans l'infini les mêmes représentations.

FIN

TABLE DES MATIÈRES

I. L'univers. — L'infini 5
II. L'indéfini 8
III. Distances prodigieuses des étoiles.... 9
IV. Constitution physique des astres.... 11
V. Observations sur la cosmogonie de Laplace. — Les comètes 15
VI. L'origine des mondes.... 28
VII. Analyse et synthèse de l'univers.... 46
VIII. Résumé 73

FIN DE LA TABLE DES MATIÈRES.

PARIS. — IMPRIMERIE DE E. MARTINET, RUE MIGNON, 2.

AVRIL 1871.

LIBRAIRIE GERMER BAILLIÈRE

17, RUE DE L'ÉCOLE-DE-MÉDECINE, 17

PARIS

EXTRAIT DU CATALOGUE

BIBLIOTHÈQUE DE PHILOSOPHIE CONTEMPORAINE

Volumes in-18 à 2 fr. 50 c.

Ouvrages publiés.

H. Taine.

Le Positivisme anglais, étude sur Stuart Mill. 1 vol.

L'Idéalisme anglais, étude sur Carlyle. 1 vol.

Philosophie de l'art. 1 vol.

Philosophie de l'art en Italie. 1 vol.

De l'Idéal dans l'art. 1 vol.

Philosophie de l'art dans les Pays-Bas. 1 vol.

Philosophie de l'art en Grèce. 1 vol.

Paul Janet.

Le Matérialisme contemporain. Examen du système du docteur Büchner. 1 vol.

La Crise philosophique. MM. Taine, Renan, Vacherot, Littré. 1 vol.

Le Cerveau et la Pensée. 1 vol.

Odysse-Barot.

Philosophie de l'histoire. 1 vol.

Alaux.

Philosophie de M. Cousin. 1 vol.

Ad. Franck.

Philosophie du droit pénal. 1 vol.

Philosophie du droit ecclésiastique. 1 vol.

La Philosophie mystique en France au XVIIIe siècle (St-Martin et don Pasqualis). 1 vol.

Émile Saisset.

L'Ame et la Vie, suivi d'une étude sur l'Esthétique franç. 1 vol.

Critique et histoire de la philosophie (frag. et disc.). 1 vol.

Charles Lévêque.

Le Spiritualisme dans l'art. 1 vol.

La Science de l'invisible. Étude de psychologie et de théodicée. 1 vol.

Auguste Laugel.

Les Problèmes de la nature. 1 vol.

Les Problèmes de la vie. 1 vol.

Les Problèmes de l'ame. 1 vol.

La Voix, l'Oreille et la Musique. 1 vol.

L'Optique et les Arts. 1 vol.

Challemel-Lacour.

La Philosophie individualiste, étude sur Guillaume de Humboldt. 1 vol.

Charles de Rémusat.

PHILOSOPHIE RELIGIEUSE. 1 vol.

Albert Lemoine.

LE VITALISME ET L'ANIMISME DE STAHL. 1 vol.

DE LA PHYSIONOMIE ET DE LA PAROLE. 1 vol.

Milsand.

L'ESTHÉTIQUE ANGLAISE, étude sur John Ruskin. 1 vol.

A. Véra.

ESSAIS DE PHILOSOPHIE HÉGÉLIENNE. 1 vol.

Beaussire.

ANTÉCÉDENTS DE L'HÉGÉLIANISME DANS LA PHILOS. FRANÇ. 1 vol.

Bost.

LE PROTESTANTISME LIBÉRAL. 1 vol.

Francisque Bouillier.

DU PLAISIR ET DE LA DOULEUR. 1 vol.

Ed. Auber.

PHILOSOPHIE DE LA MÉDECINE. 1 vol.

Leblais.

MATÉRIALISME ET SPIRITUALISME, précédé d'une Préface par M. E. Littré. 1 vol.

J. Garnier.

DE LA MORALE DANS L'ANTIQUITÉ, précédé d'une Introduction par M. Prévost-Paradol. 1 vol.

Schœbel.

PHILOSOPHIE DE LA RAISON PURE. 1 vol.

Beauquier.

PHILOSOPH. DE LA MUSIQUE. 1 vol.

Tissandier.

DES SCIENCES OCCULTES ET DU SPIRITISME. 1 vol.

J. Moleschott.

LA CIRCULATION DE LA VIE. Lettres sur la physiologie, en réponse aux Lettres sur la chimie de Liebig, trad. de l'allem. 2 vol.

L. Buchner.

SCIENCE ET NATURE, trad. de l'allem. par Aug. Delondre. 2 vol.

Ath. Coquerel fils.

ORIGINES ET TRANSFORMATIONS DU CHRISTIANISME. 1 vol.

LA CONSCIENCE ET LA FOI. 1 vol.

HISTOIRE DU CREDO. 1 vol.

Jules Levallois.

DÉISME ET CHRISTIANISME. 1 vol.

Camille Selden.

LA MUSIQUE EN ALLEMAGNE. Étude sur Mendelssohn. 1 vol.

Fontanès.

LE CHRISTIANISME MODERNE. Étude sur Lessing. 1 vol.

Saigey.

LA PHYSIQUE MODERNE. 1 vol.

Mariano.

LA PHILOSOPHIE CONTEMPORAINE EN ITALIE. 1 vol.

Faivre.

DE LA VARIABILITÉ DES ESPÈCES.

Letourneau.

PHYSIOLOGIE DES PASSIONS. 1 vol.

Stuart Mill.

AUGUSTE COMTE ET LA PHILOSOPHIE POSITIVE, trad. de l'angl. 1 vol.

Ernest Bersot.

LIBRE PHILOSOPHIE. 1 vol.

A. Réville.

HISTOIRE DU DOGME DE LA DIVINITÉ DE JÉSUS-CHRIST. 1 vol.

W. de Fonvielle.

L'ASTRONOMIE MODERNE. 1 vol.

C. Coignet.

LA MORALE INDÉPENDANTE, 1 vol.

E. Boutmy.

PHILOSOPHIE DE L'ARCHITECTURE EN GRÈCE. 1 vol.

Et. Vacherot.

LA SCIENCE ET LA CONSCIENCE. 1 vol.

Chacun de ces ouvrages a été tiré au nombre de trente exemplaires sur papier vélin. Prix de chaque exemplaire. 10 fr.

BIBLIOTHÈQUE DE PHILOSOPHIE CONTEMPORAINE

FORMAT IN-8.

Volumes à 5 fr., 7 fr. 50 c. et 10 fr.

JULES BARNI. **La Morale dans la démocratie.** 1 vol. 5 fr.

AGASSIZ. **De l'Espèce et des classifications**, traduit de l'anglais par M. Vogeli. 1 vol. in-8. 5 fr.

STUART MILL. **La Philosophie de Hamilton.** 1 fort vol. in-8, traduit de l'anglais par M. Cazelles. 10 fr.

DE QUATREFAGES. **Ch. Darwin et ses précurseurs français.** 1 vol. in-8. 5 fr.

HERBERT-SPENCER. **Les premiers Principes.** 1 fort vol. in-8, traduit de l'anglais par M. Cazelles. 10 fr.

BAIN. **Psychologie.** 2 vol. in-8, trad. de l'anglais par M. Cazelles. (*Sous presse.*)

ÉDITIONS ÉTRANGÈRES.

AUGUSTE LAUGEL. **The United States during the war.** 1 beau vol. in-8 relié. 7 shill. 6 d.

H. TAINE. **Italy** (Naples et Rome). 1 beau vol. in-8 relié. 7 sh. 6 d.

H. TAINE. **The Physiology of Art.** 1 vol. in-18, rel. 3 shill.

H. TAINE. **Philosophie der Kunst**, 1 vol. in-8. 1 thal.

PAUL JANET. **The Materialism of present day**, translated by prof. Gustave Masson, 1 vol. in-18, rel. 3 shill.

PAUL JANET. **Der Materialismus unserer Zeit**, übersetzt von Prof. Reichlin-Meldegg mit einem Vorwort von Prof. von Fichte, 1 vol. in-18. 1 thal.

BIBLIOTHÈQUE D'HISTOIRE CONTEMPORAINE

Volumes in-18, à 3 fr. 50 c.

CARLYLE. **Histoire de la Révolution française**, traduite de l'anglais par M. Élias Regnault. — Tome Ier : LA BASTILLE. — Tome II : LA CONSTITUTION. — Tome III et dernier : LA GUILLOTINE.

VICTOR MEUNIER. **Science et Démocratie**. 2 vol.

JULES BARNI. **Histoire des idées morales et politiques en France au XVIIIe siècle**. 2 vol.

JULES BARNI. **Napoléon Ier et son historien M. Thiers**. 1 vol. Edition populaire sous le titre : **Napoléon Ier**. 1 vol. in-18. 1 fr.

AUGUSTE LAUGEL. **Les États-Unis pendant la guerre** (1861-1865). Souvenirs personnels. 1 vol.

DE ROCHAU. **Histoire de la Restauration**, traduite de l'allemand par M. Rosenwald. 1 vol.

EUG. VÉRON. **Histoire de la Prusse** depuis la mort de Frédéric II jusqu'à la bataille de Sadowa. 1 vol.

HILLEBRAND. **La Prusse contemporaine et ses institutions**. 1 vol.

EUG. DESPOIS. **Le Vandalisme révolutionnaire**. Fondations littéraires, scientifiques et artistiques de la Convention. 1 vol.

THACKERAY. **Les quatre Georges**, trad. de l'anglais par M. Lefoyer, précédé d'une Préface par M. Prévost-Paradol. 1 vol.

BAGEHOT. **La Constitution anglaise**, traduit de l'anglais. 1 vol.

EMILE MONTEGUT. **Les Pays-Bas**. Impressions de voyage et d'art. 1 vol.

DOTTAIN. **La Russie contemporaine** depuis la mort de Catherine II jusqu'à nos jours. (*Sous presse.*)

FORMAT IN-8.

SIR G. CORNEWALL LEWIS. **Histoire gouvernementale de l'Angleterre de 1770 jusqu'à 1830**, trad. de l'anglais et précédée de la Vie de l'auteur, par M. MERVOYER. 1 v. 7 f.

DE SYBEL. **Histoire de l'Europe pendant la Révolution française.**
1869. Tome Ier, 1 vol. in-8, trad. de l'allemand. 7 fr.
1870. Tome II, 1 vol. in-8. 7 fr.

TAXILE DELORD. **Histoire du second empire**, 1848-1869.
1869. Tome Ier, 1 fort vol. in-8 de 700 pages. 7 fr.
1870. Tome II, 1 fort vol. in-8. 7 fr.

Paris. — Imprimerie de E. MARTINET, rue Mignon, 2.

www.ingramcontent.com/pod-product-compliance
Ingram Content Group UK Ltd.
Pitfield, Milton Keynes, MK11 3LW, UK
UKHW021158220726
13924UKWH00003B/1197